MILLENNIAL BOSS

campus
BEATS

Madeleine Kühne

MILLENNIAL BOSS

Wie du Boomer und Gen X erfolgreich führst

Campus · Frankfurt/New York

MIX
Papier aus verantwortungsvollen Quellen
FSC® C089473

ISBN 978-3-593-51253-2 Print
ISBN 978-3-593-44474-1 E-Book (PDF)
ISBN 978-3-593-44485-7 E-Book (EPUB)

Umschlaggestaltung: studioheyhey, Frankfurt am Main
Layoutentwurf: studioheyhey, Frankfurt am Main
Satz: Publikations Atelier, Dreieich
Gesetzt aus: Maison Neue, ABC Gravity
Druck und Bindung: Beltz Grafische Betriebe GmbH, Bad Langensalza
Printed in Germany

www.campus.de

INHALT

I. WERDE DER CHEF, DEN DU DIR IMMER GEWÜNSCHT HAST

01. IST DEIN EGO ZU GROSS, BIST DU ZU KLEIN

Ich frage mich, was genau Menschen antreibt, die Rolle der Führungskraft ausfüllen zu wollen. Objektiv betrachtet ist es eine sehr undankbare Aufgabe. Sie kommt mit viel Verantwortung und jeder Menge Verpflichtungen einher. Meistens ist sie verbunden mit langen Arbeitszeiten, großem Stress, Erwartungsdruck und viel zu wenig Anerkennung. Wenn etwas gut läuft, bekommt das Team den Applaus; wenn etwas schiefgeht, bekommt der Chef die Schelte. Ständige und spontane Verfügbarkeit ist eine Grundvoraussetzung und damit gräbt sich der Job immer tiefer in das Privatleben. Auf den Job vorbereitet werden die wenigsten.

Der Rolle der Führungskraft gerecht zu werden ist eine »Mission impossible«. Kein Wunder, dass viele dankend abwinken, wenn ihnen der Job als Führungskraft angeboten wird. Der Preis, den man dafür zahlt, scheint sehr hoch. Warum entscheiden sich Mitarbeiter überhaupt für diesen steinigen und entbehrungsreichen Weg der Führungskraft?

DAS MOTIVATIONSDILEMMA

Laut einer Umfrage der ManpowerGroup Deutschland würde knapp jeder zweite Mitarbeiter den Job wechseln, um mehr Geld zu verdienen.[1]

In vielen Fällen ist es genau dieses Motiv, welches Mitarbeiter zum ersten Mal zur Führungskraft macht: die Gehaltserhöhung. Mit der neuen Position kommt natürlich mehr Verantwortung und somit auch eine andere Gehaltsklasse. Aus finanziellen Gründen wird oft die beste Fachkraft des Teams zur Führungskraft befördert. Die Folge dessen kann fatal sein. Es entsteht eine große Wissenslücke und der ehemals beste Mitarbeiter wird mit all seinem

Wissen und Know-how schmerzlich an der Basis vermisst. Oft wird die Stelle erst einmal nicht nachbesetzt. Deshalb arbeitet die frisch ernannte Führungskraft operativ weiter mit im Geschehen so gut sie kann. Schon beginnt das Dilemma. Um das leisten zu können, muss etwas anderes geopfert werden, und die Mitarbeiterführung wird schnell vernachlässigt. Die beste Fachkraft ist nun eine Mischung aus mittelmäßiger Fachkraft und Teilzeit-Führungskraft. Die Motivation dahinter war eine Gehaltserhöhung, die exzellente Experten oft nur über eine Führungsposition erhalten.

Geld ist das schlechteste Motiv, um Mitarbeiterverantwortung zu übernehmen. Genauso wie unzählige andere Motive, die ebenso ungünstig sind, um als Führungskraft tätig zu werden:

- das Streben nach Anerkennung und Prestige,
- der mit der Position verbundene Firmenwagen,
- die wachsende Macht und größerer Einfluss,
- mehr Anerkennung und Aufmerksamkeit.

All diese Motive sind stark nach außen gerichtet und beziehen sich ausschließlich auf den eigenen Vorteil. Hier hat das Ego die Oberhand gewonnen und will immer weiter, höher und mächtiger werden. Von Bescheidenheit und dem Willen, der Organisation sowie den Mitarbeitern zu dienen, fehlt jede Spur.

VON NARZISSTEN UND PSYCHOPATHEN

Das Ego hat nur sich selbst im Blick. Es kommt in der Erscheinung eines übersteigerten Selbstwertgefühls, es liebt die Selbstzentrierung und verhält sich einfach gesagt egoistisch. Nur was ihm selbst und den eigenen Zielen dient, erhält Beachtung. Es manipuliert und benutzt die Mitarbeiter und Kollegen. Das Schlimmste ist jedoch, dass es keinen Platz für das Team lässt. Wenn eine Führungskraft ein ausgeprägtes Ego hat, interessiert sie sich für die eigenen Mitarbeiter nur punktuell, und zwar nur, wenn sie ihr dienen. Großzügigkeit, Empathie, echtes Interesse, Bescheidenheit, Leidenschaft für den Job der Führungskraft, all das wird es nicht geben.

Laut einer Umfrage von meinestadt.de haben 30 Prozent der befragten Fachkräfte ihren Job wegen eines Vorgesetzten gekündigt.[2] Sie bewerten ihre Vorgesetzten im Durchschnitt mit einer 3+. 20 Prozent der Befragten geben ihren Vorgesetzten sogar Noten zwischen 4 und 6. In der Schule besteht damit Versetzungsgefahr. Im Berufsleben hat dies keine Konsequenzen. Da wird cholerisch rumgeschrien, werden Kollegen manipuliert, die Mitarbeiter unter Druck gesetzt, bis sie zusammenbrechen, ohne Scham gemobbt und sogar Gesetze gebrochen. Laut dem Psychologen Jens Hoffmann sind in deutschen Führungsetagen Narzissten und Psychopaten drei- bis viermal so häufig vertreten, wie in der Gesamtbevölkerung.[3]

Da diese meist charmant auftreten und andere leicht mitreißen können, dauert es lange, bis die Mitarbeiter realisieren, mit wem sie es zu tun haben, und kündigen. Mitarbeiter verlassen nicht die Kollegen oder den Job, sondern ihren Vorgesetzten. Auch ich habe bisher immer wegen meinem Chef gekündigt, nie wegen der Firma.

Einmal bekam ich einen neuen Chef, der ein ausgeprägtes Ego besaß. Er hatte große Ambitionen und wollte schnellstmöglich die Karriereleiter erklimmen. Dazu war er bereit, einiges zu opfern. Während der Weltwirtschaftskrise 2009 wurde das Unternehmen, in dem wir tätig waren, ordentlich durchgerüttelt. Die Umsätze brachen über Nacht ein und es wurden drastische Einsparungsmaßnahmen getroffen. Ich war neu in seinem Team und hatte eine Auf-

»Mitarbeiter verlassen nicht ihre Firma, sondern ihren Chef.«

gabe mit mehr Verantwortung angenommen. Die damit einhergehende Gehaltserhöhung war noch nicht abschließend verhandelt, und jetzt kam die Wirtschaftsflaute dazwischen. Da das Unternehmen wirtschaftlich nicht gut dastand, beschloss das Management, einen freiwilligen Gehaltsverzicht der Mitarbeiter einzufordern. Der Gehaltsverzicht war nicht unbedeutend und ich wollte etwas anderes erreichen, nämlich eine Gehaltserhöhung. Ich ging davon aus, dass ich diesem Gehaltsverzicht nicht zustimmen müsste, da dies freiwillig war und ich mich gerade in der Verhandlung einer Gehaltserhöhung befand. Mein Chef sah das anders. Er strebte die nächste Beförderung an und wollte nicht negativ auffallen. Meine Gehaltserhöhung kam ihm völlig ungelegen. Er setzte mich unter Druck, dem freiwilligen Gehaltsverzicht zuzustimmen, da ich ansonsten eine Kündigung riskieren würde. Ich war nicht bereit, so ein Risiko einzugehen, und stimmte dem Gehaltsverzicht zähneknirschend zu. Für mich war das ein offensichtliches Zeichen, dass mein Chef nur seine eigenen Interessen im Kopf hatte und nicht bereit war, sich für mich ins Zeug zu legen. Ich fing sofort an, mir einen neuen Job zu suchen, und kündigte 6 Monate später.

DIE KOSTEN DER EGOMANISCHEN CHEFS

Das Beispiel zeigt, wie sträflich es in Zeiten des Fachkräftemangels ist, Egomanen als Führungskräfte einzustellen. Neue Mitarbeiter an Bord zu holen, ist zeitaufwendig und teuer. Dabei kommen schnell mehrere Tausend Euro an Kosten zusammen. Um dies zu verdeutlichen, habe ich ein Rechenbeispiel zusammengestellt. Es zeigt die möglichen Kosten[4] der Nachbesetzung einer IT-Fachkraft mit einem Brutto-Einkommen von 6 000 € pro Monat:

1. Kosten vor der Kündigung durch Minderleistung **3 600 €**
   Annahme: drei Monate Jobsuche und innere Kündigung kosten circa 20 % an Arbeitsleistung.
2. sinkenden Produktivität in der Kündigungsfrist **5 400 €**
   Annahme: drei Monate Kündigungsfrist und -30 % Arbeitsleistung durch inneren Abschied.
3. Schulungen der letzten drei Jahre **6 000 €**
   Annahme: Schulungen, Seminare und Tagungen im Gesamtwert von 2 000 € pro Jahr, welche dem Unternehmen mit dem Ausscheiden des Mitarbeiters verloren gehen.
4. Überbrückungskosten **25 200 €**
   Kosten, um die unbesetzte Stelle durch externe Fachkräfte zu überbrücken, Annahme: drei Monate á zwölf Tage zu einem Tagessatz von 700 €.
5. Rekrutierungskosten **18 000 €**
   Annahme: Da der Fachkräfte-Markt hart umkämpft ist, wird eine Rekrutierungsfirma beauftragt. Diese stellt bei erfolgreicher Vermittlung drei Brutto-Monatsgehälter in Rechnung.
6. Einarbeitungskosten neuer Mitarbeiter **10 800 €**
   Annahme: In den ersten sechs Monaten erbringt der Mitarbeiter 30 % weniger Leistung durch Einarbeitung.

GESAMTKOSTEN 69 000 €

In diesem Fall summieren sich die Kosten auf 69 000 Euro. Das entspricht fast dem Jahresgehalt des Mitarbeiters von 72 000 Euro.

Das klingt, als wenn ich großzügig kalkuliert hätte, jedoch ist dieses Beispiel sehr konservativ gerechnet. Verwaltungs- und Bearbeitungskosten oder Mehrarbeit durch andere Mitarbeiter im Team wurden aus Vereinfachungsgründen nicht berücksichtigt. In der Praxis habe ich mehrfach erlebt, dass der mühsam rekrutierte Nachfolger in der Probezeit freiwillig wieder gegangen ist, weil er den Egotrip des Vorgesetzten durchschaut und das Weite gesucht hat. Dann verdoppeln sich die Kosten schnell. Das Rechenbeispiel soll zeigen, wie ökonomisch fahrlässig es für Unternehmen sein kann, Führungskräfte schalten und walten zu lassen. Im Zweifel verliert man durch den Egotrip von Führungskräften, Personalern und Geschäftsführern wertvolle Mitarbeiter und das Unternehmen bezahlt dies teuer.

»PROFI-HACK #1«

SEI KEIN AR×××LOCH, LEG DEIN EGO AN DIE LEINE

Wenn du von deinen Mitarbeitern respektiert und geschätzt werden willst, musst du dein Ego in den Griff bekommen. Das Ego ist dein größter Feind als Führungskraft. Es versperrt dir den vertrauensvollen Zugang zu deinen Mitmenschen. Jeder Mensch wird ohne Ego geboren und entwickelt dieses erst im Laufe der Jahre. Die gute Nachricht ist: Du kannst dein Ego zähmen!

Zuallererst musst du akzeptieren: Die Welt dreht sich nicht um dich! Deine Aufgabe ist es, das Wohl deines Teams im Blick zu behalten. Überlege langfristig: Was ist für alle das Beste? Für meine Mitarbeiter, meine Kollegen und meine Firma?

Dazu musst du wissen, was dein Umfeld denkt und was es bewegt. Um das zu erreichen, musst du kommunizieren und interagieren. Das gelingt natürlich nicht, wenn du dich in jedem Meeting in den Mittelpunkt stellst und einen Monolog hältst. Das Schlüsselwort heißt: Bescheidenheit. Lerne, dich selbst zurückzunehmen, zuzuhören und Fragen zu stellen. Viele Menschen hören sich selbst am liebsten reden und lassen ihre Mitmenschen überhaupt nicht zu Wort kommen. Ihr Motto lautet: Wer am meisten Redezeit hat, besitzt die größte Macht.

Was für ein antiquierter Bullshit! Dass du der Chef bist, wissen alle deine Mitarbeiter. Eine kurze und knapp formulierte Ansprache bringt deine Botschaft deutlicher auf den Punkt als stundenlanges Geschwafel, welches die Mitarbeiter nur ermattet zu Boden sinken lässt. Halte dich besser kurz und knapp. Manchmal hilft es, einfach still zu sein und zuzuhören.

02. FOKUS, FOKUS, FOKUS

In der Rolle der Führungskraft muss man viele Bälle in der Luft halten. Die Führung, Förderung und Weiterentwicklung der eigenen Mitarbeiter stehen im Mittelpunkt. Daneben werden einem noch andere (nicht minder wichtige) Fähigkeiten und Fertigkeiten abverlangt. Das Entwickeln und Vermitteln von Strategien und Zielen, das Priorisieren von Projekten und Aufgaben im Team, das Repräsentieren des eigenen Bereichs, Initiieren und Umsetzen von Innovationen, das Delegieren von Tätigkeiten und die Übernahme von operativen Aufgaben wie Projektmanagement oder Projektleitung. Auch die interne Firmenpolitik darf nicht vernachlässigt werden, denn ohne diese geht in vielen Unternehmen gar nichts voran. Natürlich muss der Chef noch die eigene Weiterbildung sowie die des Teams im Blick haben.

Das sind viele Aufgaben, die zusammenkommen, und die Aufzählung ist längst nicht komplett. Deshalb verzetteln sich Führungskräfte häufig, wenn sie versuchen, alle Bälle gleichzeitig in der Luft zu halten. Wer schon einmal probiert hat zu jonglieren, weiß: Das erfordert sehr viel Konzentration und Koordination. Für eine kurze Zeit mag das gelingen, aber auf Dauer und unter Druck wird das schwierig bis unmöglich. Hast du schon einmal versucht zu jonglieren, während du rennst? Unmöglich, richtig? So ist es auch in der Führung. Je mehr Bälle du gleichzeitig in der Luft hältst, umso schwieriger wird es. Die Wahrscheinlichkeit zu scheitern, steigt mit jedem zusätzlichen Ball.

MULTITASKING IST KEINE ABKÜRZUNG

Führungskräfte sind keine Zirkusartisten und nur bedingt fähig, mehrere Aufgaben gleichzeitig auszuführen. Während der Jon-

»Multitasking = Umweg«

gleur es nach langem Training schafft, 10 Bälle durch die Luft fliegen zu lassen und gleichzeitig Einrad fährt, fällt es den meisten Menschen schwer, eine einfache Koordinationsübung auszuführen. Probieren wir es zusammen aus!

Hier ist eine praktische Multitasking-Aufgabe für dich: Streichle mit einer Hand deinen Bauch in Kreisbewegungen im Uhrzeigersinn. Mit der anderen Hand klopfst du dir im selben Rhythmus leicht auf den Kopf. Dann tauschst du die Position der Hände.

Und? Wie fühlt sich das an? Gar nicht so einfach, oder?

Du hast es gerade selbst erfahren. Multitasking ist nicht leicht und erfordert Übung sowie ein hohes Maß an Konzentration. Wenn du dann noch alle paar Minuten unterbrochen wirst und neu anfangen musst, wird es noch schwieriger. Das ist der Arbeitsalltag von Führungskräften und Mitarbeitern. Sie werden aus der Arbeit herausgeholt, weil Kollegen ins Büro kommen, anrufen, e-mailen oder WhatsApps senden. Das ist die Realität.

Nur ein hoher Grad an Automatisierung oder simple Aufgaben können parallel durchgeführt werden. Ansonsten ist die Gefahr groß, insgesamt länger zu benötigen. Multitasking bedeutet eine höhere Fehlerquote. Diese Fehler zu finden und zu korrigieren kostet wiederum Zeit. Die vermeintliche Abkürzung verkehrt sich ins Gegenteil. Die Wahrheit ist: Multitasking ist ein Umweg.

Es ist effektiver, sich auf eine konkrete Aufgabe zu konzentrieren, diese gezielt abzuarbeiten und danach die nächste zu beginnen.

FOKUS BEDEUTET KREATIVE DISZIPLIN

Wie lässt sich das in der Praxis umsetzen? Vor allem, wenn sich die Arbeit auf dem Schreibtisch türmt? Wie stellst du sicher, nicht zu viel Zeit mit einer Aufgabe zu vergeuden, um effektiv voranzukommen? Die Geheimwaffe ist, sich auf EINE Aufgabe zu konzentrieren und diese abzuarbeiten. Erst DANACH ist die nächste Aufgabe dran. Damit das gelingt, musst du dich von möglichen Ablenkungen befreien:

- Stelle dein Telefon auf einen Mitarbeiter, Kollegen oder deine Assistentin um. Du bist nicht erreichbar, rufst aber später zurück.
- Schließe dein E-Mail-Programm, damit Mitteilungen über neue Nachrichten dich nicht mehr unterbrechen und du in Versuchung gerätst, diese zu lesen oder zu beantworten.
- Schalte dein Handy stumm, damit dich keine WhatsApp oder SMS ablenken.
- Schließe deine Tür und blockiere auch deinen Kalender für die Zeit, damit dir niemand einen kurzfristigen Termin reinbuchen kann.
- Ordne deinen Schreibtisch. Während Unordnung die Kreativität fördern kann, hilft ein geordnetes Arbeitsumfeld Ablenkungen zu vermeiden.

Klingt radikal? Ja, das ist es auch. So hast du aber den maximalen Fokus.

Die Unterbrechungen auszuschalten kostet einiges an Disziplin und manchmal auch ganz konkrete Ansagen. Gerade als Führungskraft braucht es Regeln für das Team, an denen sie sich orientieren können. Sonst wirst du schnell in deinem Arbeitsalltag unterbrochen und findest nie ein paar ruhige Minuten, um konzentriert zu arbeiten.

Ich habe zum Beispiel die »Open-Door-Policy« neu definiert. Eine offene Tür heißt, dass ich für meine Mitarbeiter da und verfügbar bin. Eine geschlossene Tür signalisiert: Ich möchte nicht gestört werden. Nicht stören bedeutet dann auch nicht stören. Kein »eben nur mal kurz« oder »nur 2 Minuten« oder Ähnliches. Ich möchte nicht unterbrochen werden, es sei denn es brennt und wir müssen evakuiert werden. Das muss dem Team genauso kommuniziert werden und hat mir sehr gute Dienste geleistet.

Wenn das bei dir nicht funktioniert, dann werde anders kreativ. Buch dir für wichtige Themen einfach einen kleinen Besprechungsraum. Du behauptest dann, in einem Meeting zu sein, und verrätst keinem deiner Mitarbeiter zu welchem Thema (ist streng geheim) und erst recht nicht, wo das Meeting stattfindet. So bist du schlecht auffindbar und kannst dir den Fokus gönnen, den du gerade benötigst. Das zwingt deine Mitarbeiter und Kollegen dazu, ihre Themen zu bündeln und in Päckchen abzuladen, sobald du wieder »on air« bist. Diese Methode nutze ich in heißen Projektphasen und sie hat sich bewährt.

LERNE NEIN ZU SAGEN, OHNE NEIN ZU SAGEN

Schaffst du es, die Ablenkung zu eliminieren, um den maximalen Fokus zu erreichen, musst du nun die Anzahl der Themen überschaubar halten. Erfahrungsgemäß bekommt die Führungskraft, die sich gut schlägt und die Dinge vorantreibt, immer noch ein

Schippchen obendrauf gelegt. Noch eine Aufgabe hier und ein Projekt da. Du musst entschieden, was du davon annimmst und was nicht. Das ist nicht einfach. Manchmal sind Themen dabei, die total spannend sind, aber nicht richtig in deinen Verantwortungsbereich passen. Die sogenannten Nebenkriegsschauplätze, die vom Wesentlichen ablenken. Halte diese so klein wie möglich und lehne konsequent Sonderthemen ab, sonst wirst du schnell zum Getriebenen. Es ist nicht leicht zu sagen: »Danke, das Projekt mache ich nicht«. Vor allem, wenn der Auftrag vom Vorgesetzten kommt.

Wie sagt man also Nein zu Projekten, ohne Nein zu sagen? Erst einmal indem du »Ja, aber ...« anstatt »Nein« sagst. Der kleine psychologische Trick ist sehr wirkungsvoll. Niemand hört gern ein Nein, vor allem nicht der Vorgesetzte. Demonstriere guten Willen, aber weiche geschickt aus.

- **ALTERNATIVEN** anbieten: »Ich bin gerade mit dem Thema xy beschäftigt, könnte danach das Thema aufnehmen.«
- **KONSEQUENZEN** verdeutlichen: »Ich kann das übernehmen, es wird allerdings etwas dauern, da ich mich erst in die Materie einarbeiten muss.«
- **DRAMA** inszenieren: »Ich bin so ausgelastet mit dem Projekt xy, dass mir hierfür die notwendige Aufmerksamkeit fehlt, die es benötigen würde.«
- **PRIORISIERUNG** einfordern: »Wir hatten letzte Woche vereinbart, dass Projekt xy oberste Priorität hat. Hat sich das geändert?«
- Um **MITHILFE** bitten: »Wenn dieses Thema noch on top kommt, benötige ich dazu Unterstützung, sonst wird das nichts.«

Natürlich musst du deine Argumente gut begründen können, ehrlich bleiben und einen angemessenen Ton anschlagen. Bei guten Chefs stößt du so auf Verständnis und Kompromissbereitschaft. Einige Führungskräfte lassen sich selbst mit guten Argumenten nicht überzeugen. Mir wurde einmal ein Projekt aufgedrückt, das mir komplett ungelegen kam. Mein Team hatte dafür nicht die passenden Skills und das Thema war so spannend wie ein Paar nasse Socken. Ich hatte keine Wahl und musste mich dem Thema annehmen, weil mein Chef nicht mit sich verhandeln ließ. Ich habe die Situation so gelöst, dass ich mir auf Empfehlung meines Chefs einen Experten dazu geholt habe. Nach Abstimmung der Prioritäten mit meinem Vorgesetzten war das Thema nicht oben auf der Liste und konnte nicht umfassend betreut werden. Nach 3 Monaten war außer Beratung und Konzeptionierung nicht viel passiert. Von einer Umsetzung waren wir meilenweit entfernt. Meinem Chef rannte langsam die Zeit davon. Er übergab das Thema in eine andere Abteilung, die die besseren Skills und mehr Ressourcen hatte. Ich war diesen Nebenkriegsschauplatz los und konnte mich wieder auf meine Kernthemen fokussieren.

»PROFI-HACK #2«

KENNE DEINEN WEG

Um sich nicht von Nebenkriegsschauplätzen ablenken zu lassen, musst du wissen, wohin du gehen willst. Sonst läufst du Gefahr, ein bequemer und praktischer Erfüllungsgehilfe für die Pläne von Kollegen oder deines Chefs zu werden. Du musst deine eigenen Ziele kennen und diese in deinen persönlichen Plan überführen. Schreibe für dich auf, warum du angetreten bist und was du in den kommenden zwei Jahren in der Position erreichen möchtest. Mach es schriftlich. So erhöhst du die Wahrscheinlichkeit der Zielerreichung ungemein.[5] Der Plan darf sich übrigens weiterentwickeln. Betrachte ihn als kleine Pflanze, die lebt und mit der Zeit wächst und gedeiht. Du wirst einige Ziele von deinem Plan streichen und dafür werden neue hinzukommen. Das ist normal. Er wird dir aber jede Menge Halt geben, dir helfen, Nebenkriegsschauplätze von Kernthemen zu trennen und den Fokus zu halten.

03. DIE KOMFORTZONE: DER LANG-WEILIGSTE ORT DER WELT

Unsere Komfortzone ist der kuscheligste Ort, den wir kennen. Hier ist es so schön gemütlich und es kann uns nicht viel passieren. Der sichere Hafen sozusagen. Wohlbekannte Gewohnheiten, die uns vor tosenden und mitreißenden Wellen der Veränderungen im Leben schützen. Ohne große Anstrengung liegen wir an diesem Ankerplatz, pflegen unsere täglichen, wiederkehrenden Rituale und lassen das Leben an uns vorbeiziehen. Es passiert einfach nichts Neues. Alles, was sich in unserer Komfortzone abspielt, ist uns bekannt. Wir treffen die Menschen, die wir kennen, gehen zu unserer wohlvertrauten Arbeitsstätte, in unser noch besser vertrautes Heim. Nutzen den gleichen Arbeitsweg und essen jeden Tag zur gleichen Zeit in die Kantine. Dort wählen wir ein Gericht aus, das wir kennen und das uns schmeckt. Während wir uns in unserer Komfortzone befinden, lernen wir nichts dazu, entwickeln uns nicht weiter. Lediglich der Status quo wird konserviert. Es ist der langweiligste Ort der ganzen Welt. Klingt erschreckend, oder?

Leider machen es sich die meisten Führungskräfte sowie der Großteil der Mitarbeiter in ihrer Komfortzone sehr gemütlich. Sie liegen im sicheren Hafen, froh darüber, dass sie nicht aufs offene Meer hinausfahren müssen.

Schiffe wurden gebaut, um die Welt zu entdecken und zu neuen Ufern aufzubrechen. Trotzdem ankern die meisten Menschen lieber im geschützten Hafen. Die Aussicht auf eine Reise hinaus aufs offene Meer löst Ängste in ihnen aus. Was ist, wenn ich den Weg verfehle? Oder von einem Sturm überrascht werde? Mein Proviant ausgeht? Ich seekrank werde?

Das Gedankenkarussell erzeugt Angst und verhindert, dass wir handeln. In der Praxis sind nur 20 Prozent der Mitarbeiter offen für eine Veränderung, 60 Prozent verhalten sich abwartend und die anderen 20 Prozent wollen, dass alles so bleibt, wie es ist.[6] Das heißt 80 Prozent bleiben lieber erst einmal in ihrer Komfortzone.

RAUS AUS DEM DORNRÖSCHENSCHLAF

Vielleicht fragst du dich: »Was ist so erstrebenswert daran, die Komfortzone zu verlassen? Ist doch gemütlich hier, und bisher lief es auch ohne große Veränderung sehr gut.«

Das Problem ist dies: Wenn du in deiner Komfortzone verharrst, dann machen deine Mitarbeiter das auch. Du bist der Leuchtturm deiner Abteilung und was du vorlebst, daran orientieren sich deine Mitarbeiter. Ohne Veränderung, im gleichen Trott, wird deine Abteilung zu einer trägen und kraftlosen Masse. Es entstehen keine Innovationen. Nur der Status quo wird bewahrt. Diese Art von Führungskräften findet man häufig in Unternehmen mit einer hohen Altersdichte im Management; dort, wo die Chefs nur noch ein paar Jahre aushalten müssen, bevor sie sich in ihre wohlverdiente Rente retten können. (siehe auch Kapitel 11: Babyboomer zähmen). Sie möchten keinen Aktionismus. Das Risiko, dass eine Veränderung sie kurz vor der Pensionierung noch zu Fall bringt, ist zu hoch. Es wird lieber auf Nummer sicher gespielt. Damit alle ihre Jobs behalten, keine extra Meile gegangen werden muss und alles jeden Tag genau berechenbar ist. Abteilungen verfallen in einen Dornröschenschlaf und werden quasi unsichtbar. Mitarbeiter fangen an zu motzen und eine schlechte Stimmung entsteht. Teammitglieder, die was bewegen würden, verzweifeln an den änderungsresistenten Kollegen.

Wie änderst du das? Und wie holst du dich selbst aus deiner Kuschelzone heraus?

DIE ÜBUNG MACHT DEN MEISTER

Damit du beweglicher und flexibler wirst, brauchst du Praxiserfahrung. Jemand, der es gewohnt ist, aus seiner Komfortzone herauszugehen, hat damit weniger Schwierigkeiten. Unser Gehirn agiert am liebsten im Energiesparmodus. Es funktioniert bestens, wenn man seine Gewohnheiten nicht verlässt. Wir können nur aus Routinen ausbrechen, wenn wir uns weg von der Angst und hin zu einer Leidenschaft bewegen. Dann sind wir in der Lage, optimistisch etwas Neues auszuprobieren, und unser Gehirn lernt, neue Eindrücke zu verarbeiten.[7] Wenn ich weiß, wie sich Veränderung anfühlt und was die mit mir macht, kann ich damit besser umgehen. Ich kann aufkommende Ängste kontrollieren. Je öfter ich dies erlebt habe, desto besser weiß ich, was es mit sich bringt.

Ich bin schon oft für meinen Job umgezogen und habe in Städten, wo ich niemanden kannte, neu angefangen. Das hat mich jedes Mal aufs Neue herausgefordert und geprägt. Obwohl ich mich auf die neuen Möglichkeiten gefreut habe, war es auch mit Ängsten verbunden. War das die richtige Entscheidung? Wie komme ich morgens zur Arbeit? Wo ist der nächste Supermarkt? Und am wichtigsten: Werde ich Anschluss finden? Bei mir dauert es für gewöhnlich etwa drei Monate, bis ich gute Kontakte in einer mir fremden Stadt geknüpft habe und ich mich in meiner neuen Umgebung mühelos zurechtfinden kann. Natürlich ist es davon abhängig, wie viel ich bereit bin zu investieren. Ich habe gelernt: Jeder Neuanfang ist schwer, aber das Ende dessen ist absehbar. Mit diesem Wissen ist es für mich leichter geworden, meine Komfortzone zu verlassen und in eine mir völlig unbekannte Stadt umzuziehen.

»Komfortzone = langweilig«

Mein letzter Umzug war von Berlin nach Köln. Ich hatte von einem amerikanischen Konzern ein tolles Jobangebot bekommen und war total aufgeregt, denn die Firmensprache war Englisch. Mein Business-Englisch war unterirdisch. Ich befand mich in einer Stadt, in der ich niemanden kannte, und hatte einen Job mit vielen internationalen Kollegen, die ich teilweise nur sehr schlecht verstand. Und ich hatte Aufgaben zu bewältigen, die ich vorher noch nie gemacht hatte.

Gleich zu Beginn wurde ich in die USA auf eine Schulung geschickt. Es ging nach New York City. Ein nettes Hotel im Financial District von Manhattan wartete auf mich und meine Kollegen aus der ganzen Welt. Ich war unfassbar dankbar für diese Möglichkeit. Das Seminar war klasse und ich hätte sicher noch mehr von meinen Kollegen und vom Inhalt der Schulung mitnehmen können, wenn mein Englisch nicht so rudimentär gewesen wäre. Alltagsdinge bekam ich spielend kommuniziert, aber mir fehlte ein großer Teil der Business-Vokabeln. Ich konnte mich bei den geschäftlichen Themen kaum einbringen. Ich war lost und frustriert. Zurück in Deutschland beschloss ich das zu ändern. Ich buchte einen Sprachkurs für Business-Englisch, las nur noch englische Bücher, ging in englische Filme und hängte mich richtig rein.

Ein halbes Jahr später veranstaltete meine Firma ein weiteres Event in den USA. Diesmal in Philadelphia. Bei dieser Veranstaltung kamen wieder Mitarbeiter aus aller Welt zusammen und ich wurde nominiert, einen Fachvortrag zu halten und die anschließende Diskussion zu leiten. Das alles natürlich in Englisch. Meine Bemühungen hatten sich ausgezahlt. Ich erhielt eine Auszeichnung für diesen Vortrag und Unmengen an Komplimenten von den Kollegen für den gelungenen Auftritt. Was erstaunlich war: Vor allem mein gutes Englisch wurde gelobt. Ein Kollege aus Asien spracht mich direkt darauf an. Da wurde mir bewusst, wie schlecht mein Englisch vorher gewesen war und wie schnell sich das Blatt wenden kann, wenn man bereit ist, aus der eigenen Komfortzone zu schlüpfen.

»PROFI-HACK #3«

CHALLENGE DEINE KOMFORTZONE

Damit auch du dich aus deiner Komfortzone herausbewegst (ohne dafür jedes Jahr umzuziehen), kommt hier eine Aufgabe für dich. Fordere dich selbst heraus, indem du einmal im Monat etwas machst, was dich ein Stück aus deiner Komfortzone herausholt. Hier sind ein paar Ideen für dich:

- Singen: Singe laut im Supermarkt.
- Komplimente: Mache einem fremden Menschen ein Kompliment.
- Kino: Geh allein ins Kino.
- Sport: Probier eine neue Sportart aus.
- Restaurant: Sprich fremde Leute auf der Straße an und frage sie nach ihrem Lieblingsrestaurant.
- Blind Date: Verabrede dich zu einem Blind Date oder besuche ein Speeddating-Event.

Auch im Job kannst du dir deine eigene Challenge machen. Hier sind ein paar Ideen:

- Dienstreisen: Suche dir für jede Dienstreise ein neues Hotel.
- Mittagessen: Verabrede dich mit dem Geschäftsführer oder CEO zum Mittagessen, auch wenn du mit diesem sonst nicht viele Berührungspunkte hast.
- Lob: Verteile ehrliches Lob an Mitarbeiter, Kollegen oder auch deinen Chef.
- Spiele: Setze dich in einem Meeting nicht an denselben

Platz, sondern auf den deines Kollegen.
- Dienstreise: Mache die nächste Dienstreise ohne Kollegen. Dann wirst du gezwungen, neue Kontakte zu knüpfen und mit fremden Menschen ins Gespräch zu kommen.

Am besten funktionieren diese Challenges, wenn du dir ein oder zwei Verbündete suchst. Vielleicht hat jemand deiner Freunde Lust mitzumachen? Dann könnt ihr euch gegenseitig pushen und euch auch für jede bestandene Challenge gratulieren. Kreiert eure eigenen Hashtags und dokumentiert die Erlebnisse auf euren Social-Media-Plattformen. Vielleicht geht es ja viral? Wichtig ist auch, dass du dich für jede gemeisterte Challenge belohnst. Das erhöht den Anreiz, es auch wirklich zu tun. Im Übrigen: Höre nicht auf die Zweifler und Menschen, die dich für deine Challenge belächeln oder deine Aktionen negativ kommentieren. Das sind die größten Angsthasen in diesem Universum. Die sollen es erst einmal selbst ausprobieren, bevor sie urteilen. Lade sie stattdessen ein mitzumachen.

04. POKERFACE STATT HERZ AUF DER ZUNGE

Die Art und Weise deiner Kommunikation bestimmt nicht nur das Miteinander zwischen dir und deinen Mitarbeitern, Kollegen und deinem Chef. Es ist dein Aushängeschild, und du wirst daran gemessen und bewertet. Kurz gesagt, es bestimmt deine Wirkung. Wenn du denkst, dass es sich nur um das gesprochene Wort handelt, dann habe ich eine Überraschung für dich.

Deine Wirkung wird lediglich zu 7 Prozent durch das gesprochene Wort beeinflusst. 55 Prozent machen deine Körpersprache aus, also Körperhaltung, Gestik und Mimik. Die restlichen 38 Prozent werden durch die Stimmlage beeinflusst. Wie du etwas sagst ist viel wichtiger, als was du sagst.

Inhalte und Botschaften kannst du einstudieren. Deine Körpersprache lässt sich jedoch nicht so leicht ändern. Körpersprache findet unterbewusst statt und wenn diese nicht mit dem gesprochenen Wort zusammenpasst, sorgt sie für Irritation. Wenn du zum Beispiel von Kundenorientierung und Kundenzufriedenheit sprichst, dabei aber die Arme verschränkt hältst (weil es dir unangenehm ist), dann kommt deine Botschaft beim Gegenüber nicht an. Ebenso sorgt ein freundliches Lächeln, wenn du negative Botschaften überbringst, für Verwirrung. Nicht umsonst lassen sich Schauspieler und Politiker jahrelang in Rhetorik ausbilden. Sie trainieren, dass Stimme, Körpersprache und Worte authentisch zusammenpassen, und man ihnen ihre Rolle abkauft.

SCHAUSPIELEREI IM JOB

Wie viele Schauspielkünste brauchst du in deinem Job? Es heißt, man soll authentisch sein, um natürlich rüberzukommen und eine gute Wirkung zu erzielen. Im Business kann das schnell zum

Nachteil werden. Vor allem dann, wenn man dir ansieht, was du denkst und fühlst.

Es ist gut, Gefühle und Emotionen für einen begrenzten Zeitraum hinter einer Maske zu verstecken. Ein Pokerface eben. Emotionslos, regungslos, ohne Mimik und mit einer maximal reduzierten Gestik. Ein guter Pokerspieler braucht es, damit die Gegenspieler keine Rückschlüsse auf sein Blatt ziehen können. In Verhandlungen ist das wichtig. Egal, ob du dein Gehalt verhandelst oder mit einem Lieferanten Absprachen machst. Ein Pokerface bringt dich in eine bessere Verhandlungsposition, weil dein Gegenüber dich nicht einschätzen kann und nicht weiß, wo deine Schmerzgrenze liegt. Das führt unter Umständen sogar dazu, dass deine Gehaltsverhandlung höher ausfällt, als du geplant hast. Oder du bekommst einen größeren Rabatt, als du angestrebt hast. Dein Pokerface solltest du beherrschen und trainieren. Übe es immer und immer wieder, auch in kleinen Situationen, damit du es abrufen kannst, wenn du es brauchst.

Versteh mich nicht falsch. Empathie und Emotionen gehören meiner Meinung nach unbedingt im Business dazu. Wir sind keine Maschinen, sondern menschliche Wesen aus Fleisch und Blut. Es geht nur um das gezielte Einsetzen von einem Werkzeug, damit deine Gedanken und Gefühle dich nicht sabotieren.

DAS HERZ AUF DER ZUNGE

Gerade im Job ist weniger oft mehr. Auch wenn das gesprochene Wort nur 7 Prozent deiner Wirkung ausmacht, musst du aufpassen, was du preisgibst, um es später nicht zu bereuen.

Wenn du zum Beispiel deinen Kollegen von deinen anhaltenden Schlafstörungen erzählst, musst du damit rechnen, dass sie das in einer ungünstigen Situation gegen dich verwenden und du für nicht leistungsfähig gehalten wirst. Damit kann dir eine lukrative Beförderung entgehen. Oder du erzählst, dass du dir eine Eigentumswohnung gekauft hast. Bei der nächsten Gehaltsverhandlung sagt dein Chef zu dir: »Du scheinst keine Gehaltserhöhung zu benötigen, denn du kannst dir ja eine Eigentumswohnung leisten.«

Klingt das konstruiert? Das habe ich alles schon erlebt! Einige Themen gehen niemanden etwas an, denn sie können dir schnell zum Verhängnis werden. Kennst du diesen Satz von einem bekannten Publizisten: »Rede niemals über Religion, Politik und Krankheit.«

Diese Themen sind schon im privaten Umfeld schwierig genug und gehören nicht im Job diskutiert. Genauso wenig wie man im Job über Geld sprechen sollte. Das Thema ist einfach zu heikel und kann leicht Neid und Missgunst erzeugen.

Als ich zum ersten Mal einen Urlaub in einem 5-Sterne-Hotel plante, erzählte ich meinen Mitarbeitern davon. Was ich nicht erzählte: Für diese Ferien hatte ich jeden Monat konsequent Geld zur Seite gelegt und auf andere Sachen verzichtet. Eine Reaktion war prompt: »Einen solchen Urlaub kann ich mir nicht leisten, ich habe nicht deine Gehaltsklasse.« Total blauäugig von mir, zu glauben, meine Mitarbeiter würden sich mit mir freuen. Das Gegenteil war der Fall. Es erzeugte nur Neid.

Lästereien über Kollegen oder die Weitergabe von vertraulichen Informationen sind ebenso Themengebiete, die du vermeiden solltest. Du weißt nie, wer es wirklich gut mit dir meint. Freundschaften haben im Job eine kurze Halbwertszeit. Sobald du nicht mehr nützlich bist, verlierst du an Bedeutung. Oder du

»Small-Talk: ~~Religion, Politik, Krankheit, Geld, Gossip~~«

verlässt die Firma, und der Kontakt bricht ab. Die vermeintlich besten Freunde lassen dich fallen wie eine heiße Kartoffel. Auch das durfte ich schon mehrfach erleben und es ist irgendwie normal. Vergeude deine Zeit nicht mit Gossip.

DU BIST DER VIP IN DEINEM TEAM

Bist du eine Führungskraft, ist das Interesse an deinem Privatleben, deinen Einstellungen und möglichen Schwierigkeiten groß. Infos über dich werden gehandelt wie Gold. Du kannst nicht steuern, wo sie landen, und wer sie gegen dich verwenden wird.

Ein Kollege, den ich gar nicht kannte, sprach mich auf Interna meines Privatlebens an. Es war relativ belanglos. Der Kollege hatte die Information, wo ich wohne, nicht von mir bekommen. Er musste damit versorgt worden sein. Das Beispiel zeigt, wie groß das Interesse an einer Führungskraft sein kann. Du musst dir bewusst sein, dass du einen VIP-Status hast und VIPs tragen ihr Herz nicht auf der Zunge, sondern halten die Presse mit bewusst lancierten Nachrichten in Schach.

DEN FLURFUNK STEUERN

Damit wären wir beim nächsten Punkt. Nachdem du verstanden hast, warum es im Berufsleben besser ist, sich bedeckt zu halten, möchte ich dir die Strategie der bewusst gestreuten Informationen und Fehlinformationen vorstellen. Leute ratschen und tratschen. Das kannst du dir zu Nutze machen. Und zwar strategisch!

Nehmen wir an, du willst eine Gehaltserhöhung erwirken. Du weißt, dass es schwierig werden wird. Dein Chef ist ein harter Brocken und du bist schon einige Male abgeblitzt. Mit fadenscheinigen Gründen hat er dich abgespeist. Du bist ratlos.

Ein kleiner Trick: Kündige einige Tage im Voraus an, dass du einen wichtigen Termin hast. Darum musst du früher oder auch sehr pünktlich gehen. Wiederhole die Wichtigkeit in den darauffolgenden Tagen noch ein paar Mal und erinnere deinen Chef daran. Am betreffenden Tag erscheinst du in deinem besten Zwirn. Du trägst ein Outfit, als würdest du dich auf den Posten des Vorstandsvorsitzenden einer Bank bewerben. Dein Auftreten und Verhalten ist genau darauf abgestimmt. Du hast ein »Geheimnis«. Du gehst zu einem fingierten Vorstellungsgespräch. Falls ein Kollege einen Scherz macht, warum du so schick angezogen bist und ob du ein Vorstellungsgespräch hast, lächelst du nur überrascht und kommentierst es nicht. Tu so, als wärst du auf frischer Tat ertappt worden. Wenn der Kollege eng mit dem Chef ist und du dir sicher sein kannst, dass er es weitererzählt, dann ist es noch besser. Du könntest dich ihm sogar anvertrauen: »Ja, das stimmt. Woher weißt du das? Bitte erzähl es nicht weiter!« So bist du auf der sicheren Seite, dass dein Chef es erfährt. Jetzt brauchst du nur noch zeitnah ein Gespräch zur neuen Gehaltsverhandlung.

»PROFI-HACK #4«

DARF DAS INS INTRANET?

Damit du in der Praxis leichter die diskreten privaten Themen von den ungefährlichen trennen kannst, empfehle ich dir zu überlegen: Könnte diese Info auch im Intranet oder der Mitarbeiterzeitung stehen? Würde es dich stören, wenn es am schwarzen Brett hängt und für jeden frei zugänglich wäre? Falls dem so ist, dann ist das Thema auch nicht für den Job tauglich. Es gehört ausschließlich ins Privatleben. Falls es dich nicht stört: super! Dann hast du ein ungefährliches Thema gefunden, worüber du dich unbeschwert mit deinen Mitarbeitern und Kollegen unterhalten kannst.

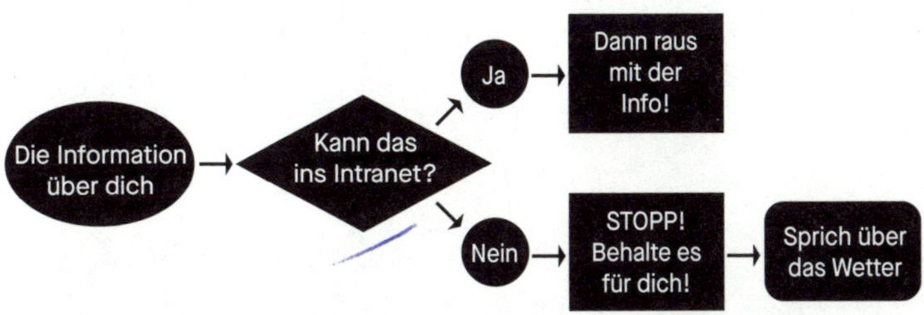

Dieser einfache Ansatz sollte dir helfen, die größten Klippen der No-Go-Themen zu umschiffen. Ach, und ein Thema geht immer gefahrenlos: das Wetter!

05. COACHING STATT COUCH

Coaching ist in aller Munde und Coaches sprießen gefühlt wie Pilze aus dem Boden. So viele Menschen fühlen sich berufen, anderen Menschen zu helfen, und zwar in allen Lebenslagen. Sei es ein Sportcoach, Ernährungscoach, Beziehungscoach oder eben auch ein Business-Coach. Für jeden Bereich des Lebens kann man Hilfe in Anspruch nehmen. Du findest sogar Hundecoaches. Auch wenn die Bereiche, in denen Coaches ihre Hilfe anbieten, sehr verschieden sind, sind Ansatz und Methode ähnlich. Du bekommst Hilfe bei der Überwindung eines Problems. Dabei wird dir nicht gesagt *»tu dies«* oder *»mach das«*. Vielmehr wirst du auf dem Weg zu deiner individuellen Lösung begleitet und hingeführt. Das ist auch im Business-Bereich hilfreich. Situationen und Problemstellungen sind meist individuell und benötigen darum auch individuelle Lösungen.

Coaching ist übrigens keine Therapie. Dieses Vorurteil höre ich immer wieder von Leuten, die dem skeptisch gegenüberstehen. Es wird meist genutzt, um sich dahinter zu verstecken. So einen »Psycho-Kram« machen nur Leute, welche einen »Dachschaden« haben. Das ist ein deutsches Phänomen, welches sich nur langsam auswächst. In Amerika ist es schon lange akzeptiert, sich einen Coach zu nehmen oder einen Therapeuten zu konsultieren. Deshalb lasse ich das nicht gelten, wenn mir jemand sagt, Coaching sei Psycho-Kram. Das ist meist nur ein Vorwand, um weiter auf der Couch zu sitzen und sinnlose TV-Inhalte zu konsumieren, statt sich mit seiner Persönlichkeitsentwicklung zu beschäftigen.

Coaching basiert auf dem Prinzip der Freiwilligkeit. Du bestimmst selbst, wie weit du gehst, aber es ist immer noch ein gutes Stück Arbeit. Deine Persönlichkeit mit all ihren Facetten wird unter die Lupe genommen. Dein Verhalten sowie deine Gefühle werden durchleuchtet. Auftretende Konflikte analysiert. Das kostet Zeit und Kraft, zahlt sich aber aus.

»Coaching ≠ Therapie«

Du fragst dich vielleicht: Wofür brauche ich Coaching überhaupt? Ich bin schon Führungskraft. Wie kann mir ein Außenstehender überhaupt helfen? Gerade das ist aber das Spannende. Du hast mit einem Coach einen Sparringspartner mit dem Blick von draußen. Ohne eine festgefahrene Meinung, mit einem völlig offenen Blick. Je höher man in der Organisation steigt, desto dünner wird die Luft. Die Zahl deiner Sparringspartner im Unternehmen nimmt immer weiter ab. Es gibt Themen, die möchte und sollte man mit niemandem im Unternehmen teilen. Manchmal kommt man auch neu in ein Unternehmen und muss sich seine vertrauensvollen Beziehungen erst einmal aufbauen. Gerade dann kann ein Coach sinnvoll sein.

MENTAL STARK BLEIBEN

Ich habe mich seit meinem Start ins Berufsleben immer wieder coachen lassen. Die Themenstellungen waren dabei stets situativ und individuell. Ob Konfliktmanagement, Selbstmarketing oder Kommunikation. Je weiter ich in meiner Karriere voranschritt, desto selbstverständlicher wurde Coaching für mich. Die Komplexität der Problemstellungen wuchs mit jedem Karriereschritt und manches Mal war ich zu sehr gefangen in der Situation, um mir selbst heraushelfen zu können.

Meine bisher größte Herausforderung war ein Job als Abteilungsleiterin, der einen Change-Prozess beinhaltete, der von wichtigen Schlüsselpersonen abgelehnt wurde. Es sollte alles bleiben wie bisher. Marginale Änderungen versuchte man im Keim zu ersticken. Die Interessenslage war sehr unübersichtlich. Die Situation war mehr als herausfordernd und führte mich oft an meine persönlichen Grenzen. Um die notwendigen Veränderungen zu verhindern, griffen die Kollegen auf schmutzige Tricks zurück. Bevor ich überhaupt anfing, streute man Gerüchte um mich: »Die ist eiskalt, die wirft alle raus«. Dann versuchte man, meine beruflichen Fähigkeiten zu schmälern: »Dieses Paar Schuhe ist eindeutig zu groß für Sie.« Zuletzt gipfelte es in der glasklaren Aussage: »Mit Ihnen arbeite ich nicht zusammen«. Ich war die Zielscheibe von Mobbing geworden, mit der Absicht, dass ich aufgebe und mich schnell wieder vom Acker mache.

Ich habe mir Unterstützung von einem Business-Coach gesucht, um durch diesen Sturm hindurchzusteuern, ohne mich zum Opfer machen zu lassen. Die Hilfe kam von einer Frau, die auf eine erfolgreiche Konzernkarriere zurückblicken konnte. Sie kannte diese Spiele gut, denn sie hatte sie selbst erlebt. Das war für mich wertvoll und hilfreich. Einmal pro Woche tauschte ich mich mit ihr aus und sie half mir, nicht den Mut zu verlieren. Die Coaching-Sessions mit ihr wurden zu meiner Überlebenshilfe. Ich brauchte jemanden, der mich wenigstens einmal pro Woche aufrichtete und mir sagte: »Hier geht es nicht um dich als Person«, »Du machst einen super Job«, »Hör nicht auf die Zweifler«, »Mach weiter so«. Das gab mir die Kraft, die ich brauchte, um dem enormen Gegenwind standzuhalten. Mein Coach gab mir Strategien und Methoden gegen Stress und drohende Überforderung an die Hand. Ohne das Coaching hätte der Pöbel gewonnen und ich in der Probezeit gekündigt. Mit dem Coaching habe ich alles bekommen, was ich wollte, und noch mehr: bessere Ressourcen, höheres Budget, Anerkennung innerhalb der Firma, Unterstützung bei unpopulären Entscheidungen. Ich hatte es geschafft, die Mobbing-Situation transparent zu machen und mich nicht zum Opfer degradieren zu lassen. Die Firma war sich der Situation bewusst und hat die Kosten ohne Diskussion übernommen.

KEINE AMATEURE

Mit der richtigen Person steht und fällt der Erfolg jedes Coachingprozesses, da es in erster Linie zwischenmenschlich passen muss. Dass die Chemie zwischen Coach und Coachee stimmt, ist die wichtigste Grundlage einer vertrauensvollen Zusammenarbeit. Du solltest dir jemanden suchen, der weiß, wovon er redet, und ähnliche praktische Erfahrungen gemacht hat. Wenn du Karriere machen möchtest, brauchst du einen Coach, der diesen Weg gegangen ist, sonst ist alles nur Theorie. Werde hellhörig, wenn die Firma dir einen Coach zuteilt. Der kommt meist aus einem Pool von Coaches, mit denen sie zusammenarbeiten und Rahmenverträge geschlossen haben. Das sehe ich persönlich sehr kritisch. Es ist zwar besser als nichts, doch kann eine wirtschaftliche Abhängigkeit der Coaches mit deiner Firma bestehen, die dem Coaching-Ansatz im Wege stehen kann.

Ein guter Coach ist da, um dem Coachee zu helfen, und muss die Belange des Arbeitgebers außer Acht lassen. Jedoch ist es in der Praxis so, dass die Coaches vorher vom Chef oder Personaler »gebrieft« werden. Wenn ein solches Briefing ohne dich stattfindet, ist es schon der erste Vertrauensbruch. Du kannst davon ausgehen, dass dem Coach etwas erzählt wird, was man sich möglicherweise nicht traut, dir zu erzählen. Wenn dein Coach mit offenen Karten spielt, wird er dir davon berichten. Falls nicht, ist zu Vorsicht geraten. Was nützt dir ein Coach, der einen Auftrag vom Arbeitgeber verfolgt und nicht neutral ist? Vielleicht überlegst du, den Job zu wechseln, und das Coaching soll das Gegenteil bewirken? Das wäre fatal für eure Zusammenarbeit. Wenn der Coach auf den Auftrag finanziell angewiesen ist, kann es sein, dass er dir nicht zu arbeitet, sondern dir Steine in den Weg legt. Ein gutes Zeichen ist es deshalb, wenn dein Coach transparent agiert und dir versichert, dass er ausschließlich für dich und deine Interessen da ist.

Ich selbst hatte schon den Fall, dass genau so ein Gespräch zwischen meinem Coach und meinem Chef stattfand. Natürlich war ich nicht dabei, als mein Chef versuchte, auf meinen Coach Einfluss zu nehmen. Ich hatte mit diesem Coach schon länger zusammengearbeitet. Zwischen uns gab es eine grundlegende Vertrauensbasis. Mein Coach hat mich informiert und mir die Inhalte des Gesprächs wiedergegeben und mich gefragt, was davon meine Ziele oder Problemstellungen sind. Diese waren zum großen Teil deckungsgleich. Aber es gab auch Themen, die ich anders sah. Diese Themen haben wir einfach fallen lassen. Wie schon vorher beschrieben: Coaching ist eine freiwillige Sache.

Hier soll niemand verbogen und Persönlichkeitsstrukturen verändert werden. Es geht darum, mögliche Probleme zu lösen, Handlungen und Konflikte zu reflektieren und die eigenen Ziele zu erreichen.

»PROFI-HACK #5«

DAS BESTE INVESTMENT

Coach darf sich heutzutage jeder nennen. Es ist kein geschützter Begriff. Deshalb solltest du ein besonderes Augenmerk darauf legen, mit wem du zusammenarbeitest. Verhandle ein Coaching mit in den neuen Vertrag, wenn du weißt, dass der Job, den du annimmst, anstrengend wird. Falls die Firma die Kosten für ein Coaching nicht bezahlt, dann lass dich auch davon nicht abschrecken. Du musst bereit sein, Zeit und Geld zu investieren und die Offenheit, dich mit deiner Persönlichkeitsentwicklung zu beschäftigen, mitbringen. Langfristig wird dir das Coaching Geld einbringen. Mit einem Coaching löst du nicht nur die aktuellen Probleme. Coaching ist ideal, um langfristige Ziele zu erreichen, die im beruflichen Umfeld auch finanzieller Natur sind. So kannst du eine Gehaltsverhandlung mit einem Coach planen oder auch einen lukrativen Jobwechsel. Einige meiner beruflichen Ziele habe ich im Coaching lange vorbereitet und diese Ziele habe ich nicht nur erreicht, sondern auch noch übertroffen. Merke dir: Die beste Investition deines Lebens ist die in dich selbst. Diese wird sich auszahlen.

06. WAS DEINE ANGST DIR SAGT

Das Gefühl von Angst kennt jeder. Es ist etwas völlig Normales. Alle Menschen haben Ängste und sie gehören zu unserem Leben dazu. Angst und Nervosität können in bestimmten Momenten, zum Beispiel vor einem bedeutsamen Ereignis oder einem Vortrag, sogar nützlich sein. Sie sorgen für Fokus und gute Vorbereitung. Die Angst bewahrt uns vor Fehlern und rettet manchmal sogar unser Leben. Es ist eine wichtige Leistung unseres Körpers, um sich an unsere Umwelt und ihre Anforderungen anzupassen. Das alles in einem gesunden Maß.[8] Und doch gibt es unterschiedliche Ängste. Nämlich rationale und irrationale.

Rationale Ängste sind solche, die normal und alltäglich sind. Zum Beispiel die Angst, bei Glatteis hinzufallen. Die Wahrscheinlichkeit, dass das tatsächlich passiert, ist recht hoch und absolut real. Unsere Angst vor dem Hinfallen sendet uns das Signal: Achtung! Vorsichtig bewegen, sonst wird es schmerzhaft. Auch wenn wir eine Treppe runterlaufen oder Fahrrad fahren, passt die Angst auf uns auf, ohne dass wir es merken. Das Angstsystem läuft unbewusst ab und wir müssen darüber nicht einmal nachdenken. Das Gute daran ist: Wir werden durch diese Furcht nicht beeinträchtigt. Sie sorgt unbewusst dafür, dass wir uns umsichtig bewegen und besonders achtsam sind.

Dann gibt es noch die irrationalen Ängste. Die existieren nur in unserem Kopf und sind in der Realität nicht anzutreffen. Die Angst vor einem Haiangriff im Schwimmbad zum Beispiel. Oder vor Spinnen, die meist völlig harmlos sind. Laut einer amerikanischen Studie haben 40 Prozent der Menschen Angst vor dem Reden in der Öffentlichkeit, jedoch nur 19 Prozent vor dem Sterben.[9] Ist das nicht total verrückt? Die Angst, sich mit einer Rede zu blamieren, lächerlich zu machen, den Text zu vergessen oder seine Karriere zu ruinieren, ist um ein Vielfaches größer als zu sterben. Wobei Redeangst gar nicht der richtige Begriff ist. Es ist nicht die Angst zu reden, sondern die Angst vor der Reaktion der Zuhörer. Werde ich ausgelacht? Finden die Zuhörer das, was ich erzähle, überhaupt interessant? Bestimmt langweile ich alle zu Tode. Zu dem Thema ist doch schon alles gesagt. Und so weiter. Die Angst setzt ein Gedankenkarussell in Bewegung, welches nur noch schwer zu stoppen ist.

Angst tötet mehr Träume, als Scheitern jemals könnte. Sie hindert uns daran zu handeln. Sie lähmt uns. Unsere Angst lässt die Gedanken kreisen und behauptet, wir würden scheitern, obwohl wir das ja noch gar nicht wissen. Wir haben es noch nicht probiert. Natürlich kann es sein, dass der erste Versuch einer Rede etwas holprig ist und die Zuhörer die Nervosität erkennen. Beim zweiten Versuch sieht das sicher schon besser aus. Je öfter ich eine Sache wiederhole, umso sicherer werde ich. Dann sehe ich an der Rückmeldung: Ja, einige finden das, was ich sage, nicht interessant. Aber andere kommen nach der Rede zu mir und bedanken sich. Mit dieser Bestätigung wird die Angst kleiner. Wo fängst du an? Wie überwindest du deine Ängste?

WENN DIE ANGST DICH SCHUBST (DIE ÜBERWINDUNG)

Es gibt nur zwei angeborene Arten von Angst: die Angst vor lauten Geräuschen und die Angst zu fallen.[10] Alle anderen Ängste sind antrainiert. Wir haben sie im Laufe unseres Lebens erworben und sie basieren auf unseren Erfahrungen. Das heißt im Umkehrschluss: Jede Angst, die wir erlernt haben, können wir auch wieder verlernen. Angst ist nur so lange stark, wie sie unklar ist. Freu dich, wenn deine Angst zu dir kommt. Sie will dir etwas sagen. Die Angst schubst dich in die richtige Richtung. Schonungslos zeigt sie dir deine Schwachstelle auf. Der Tiefenpsychologe Andreas Winter geht noch einen Schritt weiter. Er ist der Meinung: »Wer sich von seinen Ängsten befreit, wird damit auch seine gesundheitlichen, beruflichen oder privaten Probleme los.«[11]

Um sich davon frei zu machen, muss man seine Ängste zunächst einmal kennen. Habe ich Angst, meinem Mitarbeiter ein negatives Feedback zu geben? Was genau macht mich unsicher? Fürchte ich, nicht mehr beliebt zu sein? Oder geht es um die Reaktion des Mitarbeiters? Vielleicht wird er sehr emotional, fängt an laut zu werden oder zu weinen? Was genau hat das mit mir zu tun? Warum habe ich solche Angst vor der Reaktion?

Die Selbstreflexion der eigenen Ängste ist der Schlüssel zur Befreiung. Ich muss mich schonungslos damit auseinandersetzen und genau hinsehen und hineinfühlen, auch wenn es schmerzhaft ist. Wenn wir es schaffen, durch die Angst hindurchzugehen, können wir später oft nicht mehr nachzuvollziehen, warum die Hürde so groß war.

Der zweite Schritt ist es, die Angst zur Seite zu schieben und hindurchzugehen. Einfach machen, trotz der Unsicherheit. Später wirst du dich fragen: Wovor genau hatte ich so große Angst? Oder sagen: Das hätte ich schon längst machen sollen! Wenn wir eine Angst überwinden, wachsen wir, es macht uns selbstbewusster und auch stärker. Das wiederum hilft dir in Situationen, bei welchen du stark unter Druck stehst, gelassen zu bleiben.

ANGST + DRUCK = PANIK

Unter Druck verstärkt sich Angst um ein Vielfaches. Dein Handlungsspielraum wird kleiner, als er eh schon ist. Bleiben wir bei un-

»Angst verleiht Flügel.«

serem Beispiel mit der Redeangst und machen ein Gedankenspiel.

Du bist eine frisch gebackene Führungskraft in einem Unternehmen und in deiner zweiten Woche wird ein Meeting mit dem Management deiner Firma veranstaltet. Auf diesem Event steht Networking an erster Stelle, aber es werden auch Workshops durchgeführt, um die Firma voranzubringen. Da du dich inhaltlich nicht so gut im Thema auskennst, beschließt du, die Moderation eines Workshops zu übernehmen, und fühlst dich sicher in der Rolle. Du musst keine Stellung beziehen, lernst sogar noch etwas zum Thema und kannst deine Kollegen beobachten. Die Aufgabe läuft recht gut, bis plötzlich aus allen Arbeitsgruppen drei Leute herausgezogen werden, um die Ergebnisse vor der gesamten Runde zu präsentieren. Noch bevor du protestieren kannst, ist der Beitrag deiner Gruppe ausgewählt und du darfst als Moderator die Ergebnisse vor der gesamten Führungsmannschaft deiner neuen Firma vortragen. Es schauen alle sehr genau hin: dein Chef, der Chef deines Chefs, der komplette Vorstand und 200 neue Kollegen, die du zum Großteil zum ersten Mal siehst. Lauter fremde Gesichter, von denen du weder Namen noch Funktionen kennst. In dir steigt Panik auf. Du gehst in Windeseile deine Optionen durch. Sollst du dich auf der Toilette verstecken, bis alles vorbei ist? Zu spät. Das hättest du drei Minuten vorher machen müssen. Kannst du jemand anderen aus dem Team bitten, vorzutragen? Mist, da steht dein Name unter Moderation auf dem Flipchart. Wieso hast du das da bloß eingetragen? Einen Anruf faken? Bekommst du jetzt auch nicht mehr hin. Du hast keinen Ausweg. Wenn du dich nicht schon in der zweiten Woche deines neuen Jobs bis auf die Knochen blamieren möchtest, dann gibt es nur den Weg nach vorn. Eben hast du dich noch in Sicherheit gewähnt in deiner Rolle als Moderator. Von einer Sekunde auf die andere wirst du ins gleißende Rampenlicht gestellt und musst liefern.

Ehe du dich versiehst, hältst du das Mikro in der Hand. Die Erwartungen an dich sind groß. Der Druck, den du spürst, ist enorm. Er lässt dir keine Zeit zum Nachdenken oder Vorzuformulieren. Jetzt musst du improvisieren. Und das machst du souverän und humorvoll. Du gibst das wieder, was deine Gruppe im Workshop zusammengetragen hat, und bekommst tosenden Applaus dafür. Anschließend beglückwünschen dich dein Chef und der Geschäftsführer zu deinem Auftritt. Du bist benommen und fragst dich, was gerade passiert ist. Anscheinend hat niemand gemerkt, wie nervös du warst und was diese Situation mit dir gemacht hat. Der Druck hat dafür gesorgt, dass du durch deine Angst hindurchgehen musstest. Zudem hattest du keine Zeit für eine Vorbereitung. Du warst du selbst und das kam offensichtlich gut an. Wie heißt es so schön: Unter Druck werden Diamanten geformt.

Diese Situation habe ich mir nicht ausgedacht. Sie ist mir genauso passiert. Ich bin durch die Angst hindurchgegangen, weil ich keine andere Möglichkeit hatte. Außerdem habe ich einen Trick für solche Situationen.

»PROFI-HACK #6«

LERNE DEINE ANGST KENNEN

Immer, wenn ich in scheinbar ausweglosen Situationen bin und die Angst wächst und droht, das Kommando zu übernehmen, frage ich mich still und leise: Was kann im schlimmsten Fall passieren? So habe ich es auch mit der spontanen Ergebnispräsentation gemacht. Meine Antwort war damals: Im schlimmsten Fall blamierst du dich dermaßen, dass alle darüber lachen und du deinen Job verlierst. Die Wahrscheinlichkeit war gering, das spürte ich, als ich den Gedanken formulierte. Niemand wird für so etwas gefeuert. Selbst wenn: Dann suche ich mir eben einen neuen Job. Davon geht die Welt nicht unter. Ich werde nicht gesteinigt und muss am nächsten Tag nicht unter der Brücke schlafen. Wenn die Firma mich wegen so etwas kündigen würde, wäre es nur ein Zeichen, dass es nicht die passende Umgebung für mich ist. Dieses Gedankenspiel entwaffnete meine Angst und schenkte mir die notwendige Gelassenheit, um den Druck entweichen zu lassen und mich nicht verrückt zu machen. Probiere diesen Trick einfach aus. Immer dann, wenn du in einer Situation bist, in der deine Angst droht, die Kontrolle zu übernehmen, fragst du dich: Was kann im schlimmsten Fall schon passieren? Und wie wahrscheinlich ist das? Damit gelingt es mir in den meisten Fällen meine Gelassenheit zu behalten und die Angst dahin zu schicken, wo sie herkam: zur Hölle!

07. ALL EYES ON ME – LIVE WHAT YOU PREACH

Als Führungskraft soll man mit gutem Beispiel vorangehen und seinen Mitarbeitern vorleben, was man von ihnen erwartet. So lautet zumindest die allgemeine Erkenntnis. Natürlich sollen Führungskräfte auch bei Change-Prozessen mit gutem Beispiel vorangehen; fröhlich trällernd vormachen, wie Digitalisierung funktioniert oder wie viel Spaß agiles Arbeiten macht. »Nur wenn die Führungskräfte Neues auch vorleben, zieht der Rest der Mannschaft mit!« Die Führungskraft als Vorbildfunktion also. Wenn der Fisch vom Kopf her stinkt, wollen wir doch Fischköpfe, die gut riechen, anstatt zu stinken. Richtig?

Die Führungskraft als Musterbeispiel setzt den Glauben voraus, dass sich die eigenen Mitarbeiter das Verhalten abschauen und ebenso handeln werden wie der vorbildliche Chef. Dieser haut so richtig rein und arbeitet jeden Tag 12 Stunden. Also machen das die Mitarbeiter, inspiriert durch das Vorbild, ebenso. Wenn der Chef das Großraumbüro als neue Arbeits-WG ausruft, finden alle Mitarbeiter das hipp und cool und machen mit. Ja, so denken immer noch viele Manager und Personaler, dass es funktioniert. Man muss es nur vorleben, dann leben es die Mitarbeiter auch automatisch nach. In der Realität klappt das nur bedingt.

Nur weil ich in einem aufgeräumten und geordneten Büro arbeite, werden meine Mitarbeiter nicht automatisch ihre Büros aufräumen. Da kann es in meinem eigenen Büro noch so glänzen. Das finden die Mitarbeiter vielleicht super, aber bis zur Umsetzung im eigenen Büro benötigt es einiges mehr. Es gibt immer jemanden im Team, dessen Schreibtisch vor Gerümpel nicht mehr zu erkennen ist. Da stapeln sich leere Cola-Flaschen neben der Tüte Gummibärchen und den benutzten Müslischalen. Dazwischen liegen Papierstapel und, wenn's blöd kommt, sogar noch vertrauliche Dokumente. Man kann den Schreibtisch nicht mehr finden, und wenn sich jemand anderes aus dem Team vorübergehend an die-

»Vorbilder kann man nicht verordnen!«

sen Platz setzen möchte, ist erst einmal Desinfizieren angesagt. Egal, ob ich als Führungskraft das genaue Gegenteil davon bin und mein eigener Schreibtisch vorbildlich blitzt, das juckt diesen Mitarbeiter nicht. Der sieht mich in diesem Punkt nicht als Vorbild. Es ist ihm selbst einfach überhaupt nicht wichtig.

Nur weil man Führungskraft ist, ist man nicht automatisch ein Vorbild für seine Mitarbeiter. Die suchen sich ihre Vorbilder allein aus und zwar je nach Thema. Jeder Mensch hat für gewisse Bereiche im Leben andere Vorbilder und die Entscheidung dafür selbst getroffen. Diese kann nicht per Dienstanweisung vorgeschrieben werden.

Überhaupt ist die Idee der Führungskraft als Vorbild etwas in die Jahre gekommen. Früher, als Führung noch etwas sehr Autoritäres hatte, mag das vielleicht funktioniert haben. Die älteren Generationen der Babyboomer und Generation Golf haben dies noch erleben dürfen. Hier wurde den Mitarbeitern grundsätzlich erst einmal nicht vertraut. Deshalb musste jede Führungskraft am Morgen als Erstes das Büro aufschließen und abends natürlich den Schlüssel wieder umdrehen und abschließen. Wozu? Damit der Chef sehen konnte, wer wann zur Arbeit erscheint. Damit niemand zu wenig Stunden abreißt und zu früh nach Hause geht. Was hier fehlte, war etwas Grundlegendes: VERTRAUEN.

Vertrauen in die Mitarbeiter und ihre Fähigkeiten und dass sie ihre Arbeit in der dafür vorgesehenen Zeit erledigen. Selbstbestimmung und Eigenverantwortlichkeit hat sich erst im Laufe der letzten Jahre in der Führungswelt etabliert. Management by trust nennt sich das dann. Diese Form der Führung wurde schon in den 1960er und 1970er Jahren erforscht und für erfolgreich befunden. Der Weg zur Umsetzung in deutsche Unternehmen war langwierig und noch immer fehlt es manchem Manager an Vertrauen in die eigenen Mitarbeiter. Jetzt könnte man denken, okay, vergiss das mit der Vorbildfunktion einfach. Klappt ja eh nicht. Die Mitarbeiter orientieren sich nicht an mir als Vorbild. Also kann ich als Führungskraft auch entspannt durchs Leben gehen. Doch so einfach ist es nicht.

VORBILDFUNKTION ALS EINBAHNSTRASSE

Sei dir bewusst, dass du als Chef unter genauer Beobachtung stehst. Mitarbeiter sind gnadenlos. Sie beurteilen jede deiner Handlungen und Untätigkeiten. Jedes von dir geäußerte Wort wird auf die Goldwaage gelegt und jede deiner Maßnahmen von allen Seiten beäugt. Jede Entscheidung für oder dagegen wird diskutiert. Nur nicht mit dir. Das passiert hinter deinem Rücken. Selten geht es darum, wie gut du etwas gemacht hast. Sondern es wird auf das fokussiert, wo du nicht geglänzt hast und was die Mitarbeiter an deiner Stelle ja gaaaanz anders gemacht hätten. Erinnerst du dich an die Zeit, bevor du Chef geworden bist? Da hast du bestimmt auch zu diesem Grüppchen gehört.

Das Paradoxe an der Vorbildfunktion ist, dass sich die Mitarbeiter nicht das abschauen, was du von ihnen möchtest. Nein, sie schauen auf deine Schwächen. Dann nehmen sie sich genau dieses Recht auch für sich raus. Wenn dein Büro aussieht wie eine Rumpelkammer, hast du schlechte Karten, das an deinen Mitarbeitern zu kritisieren. Wenn du immer zu spät kommst, werden nach und nach auch deine Mitarbeiter das mit der Pünktlichkeit nicht so eng sehen. Wenn du alle Deadlines versäumst, werden auch die Mitarbeiter nicht pünktlich abliefern. Macht der Chef ja auch nicht, ist also legitim. Wenn du nicht offen und transparent kommunizierst, sehen deine Mitarbeiter keinen Grund, es anders zu machen. Wenn du deinen Mitarbeitern nicht vertraust, werden sie dir nicht vertrauen. Wenn du sie anlügst, werden sie dich ebenso anlügen. What goes around comes around.

SEI DAS VORBILD, DAS DU DIR GEWÜNSCHT HÄTTEST

Ich hatte einmal einen Chef, der mit seinem Verhalten eine komplette Abteilung zerlegt hatte. Er verdrückte sich zu ungünstigen Zeitpunkten, schob dringende Erledigungen vor, wenn er erklärte, warum er gehen müsste. Das passierte oft zu wichtigen Zeitpunkten und Abgabeterminen. Nachdem das einige Mal passiert war, wurde es auffällig. Das Team begann, darüber zu witzeln. Dann machte sich Frust darüber breit. Es geschah meist sehr kurzfristig und ohne vorherige Ankündigung. »Ich muss noch dringend zur Post, die macht gleich zu« oder »Ich muss mein Auto von der Werkstatt abholen«. Die Liste der Ausflüchte war lang, bis die Führungskraft von niemandem mehr ernst genommen wurde. Ein Mitarbeiter aus dem Team füllte das Vakuum freiwillig aus und fungierte inoffiziell als Chef. Der Bereichsleiter griff nicht ein. Das war ein deutliches Signal an alle: Das Verhalten hatte keine Konsequenzen. Es dauerte nicht lange und Mitarbeiter nahmen sich ebenso das Recht heraus, einfach früher zu gehen. Das startete dann die Abwärtsspirale. Aus einem motivierten Team mit gutem Zusammenhalt wurden Kollegen, die sich gegenseitig nicht mehr ausstehen konnten und sich nicht unterstützten. Kurz darauf bewarben sich fähige Mitarbeiter weg. Die durch das Verhalten des Chefs entstandene Situation war für sie einfach nicht zu ertragen. Mir ging es genauso. Ich habe mir auch einen anderen Job gesucht.

Die Vorbildfunktion der Führungskraft ist eine Einbahnstraße. Sie funktioniert nur in eine Richtung. Wenn man versucht, gegen die Einbahnstraße zu fahren, passieren unweigerlich Unfälle.

Grundsätzlich zeigt das Beispiel sehr gut, dass die Mitarbeiter nach und nach das Vertrauen in die Führungskraft verloren haben. Vertrauen braucht es, damit jemand als Vorbild wahrgenommen und akzeptiert wird. Wer vertraut, glaubt, dass die Worte und Handlungen des Gegenübers wahr und aufrichtig sind. Eine Studie der Universität Los Angeles hat herausgefunden, dass Menschen, welche viel Vertrauen haben, bis zu 20 Prozent mehr verdienen, als Menschen mit einem großen Misstrauen.[12]

»PROFI-HACK #7«

PRACTICE WHAT YOU PREACH

Damit deine Mitarbeiter dir vertrauen, musst du Wort halten. Du solltest unter keinen Umständen eine Sache sagen und eine andere tun. Es zeigt, dass du deine Worte nicht ernst meinst, und sorgt für das genaue Gegenteil: Misstrauen. Die Mitarbeiter messen dich daran, wie du zu deinem Wort stehst und wie du handelst. Du fragst ja auch keinen Übergewichtigen, wie man abnimmt. Oder einen Kranken, wie man gesund wird. Du empfiehlst kein Restaurant weiter, in dem es dir nicht schmeckt. Und du wählst keine Partei, die deine Werte nicht reflektiert. Das alles basiert auf Vertrauen.

Laut dem ehemaligen CEO von General Electric, Jack Welch, ist Vertrauen spürbar, sobald es da ist. Es stellt sich ein, wenn Führungskräfte offen und fair sind und Wort halten. Damit hat jeder Chef nach einem Jahr die Mitarbeiter, die er verdient.

08. WARUM BEI DER WORK-LIFE-BALANCE-FRAGE IMMER GELOGEN WIRD

Ich habe als Führungskraft unzählige Vorstellungsgespräche mit potenziellen Mitarbeitern führen dürfen. Im Laufe der letzten Jahre konnte ich eine deutliche Veränderung in den Fragen der Bewerber feststellen. Früher haben die Kandidaten Fragen zu den Inhalten und zum Unternehmen gestellt. Heute ist die beliebteste Frage im Vorstellungsgespräch: »Wie sieht es in Ihrem Unternehmen mit Work-Life-Balance aus?« Diese Frage ist erst seit wenigen Jahren erlaubt. Ich war auch irritiert, als mir die Work-Life-Balance-Frage zum ersten Mal gestellt wurde. Mein Reflex war: »Was für eine Frechheit!«, »Was traut der sich hier zu fragen?«, »Was denkt der, wo er ist?«, »Mich fragt auch keiner.« Das waren alles Gedankenblitze, die mir durch den Kopf gingen. Schließlich war es ein Job-Interview und kein Gespräch zwischen Freunden. Gott sei Dank habe ich es nicht ausgesprochen, sondern bin gegenüber den Kandidaten gelassen geblieben. Ich bin der Frage ausgewichen und habe von Vertrauensarbeitszeit und gutem Betriebsklima gefaselt. Beantwortet habe ich die Frage damit nicht. Zudem wurde sie ab da häufiger gestellt. Mir war klar: Wenn ich junge motivierte Mitarbeiter bekommen wollte, musste ich mich mit dem Thema auseinandersetzen und eine Antwort finden.

Zuerst einmal musste ich verstehen, was genau damit gemeint war. In meiner Vorstellung hieß Work-Life-Balance weniger Arbeiten und mehr Freizeit. War das auch die Definition der Generation Y?

Warum muss überhaupt zwischen Work und Life getrennt werden?

»Work-Life-Balance bedeutet eine neue, intelligente Verzahnung von Arbeits- und Privatleben vor dem Hintergrund einer veränderten und sich dynamisch verändernden Arbeits- und Lebenswelt. Betriebliche Work-Life-Balance-Maßnahmen zielen darauf ab, erfolgreiche Berufsbiografien unter Rücksichtnahme auf private, soziale, kulturelle und gesundheitliche Erfordernisse zu ermöglichen.«[13] So definiert das Bundesministerium für Familie, Senioren, Frauen und Jugend den Begriff.

WORK-LIFE-BALANCE IST EINE NEIDDEBATTE

Die darin aufgezählten Maßnahmen zur Erreichung einer ausgewogenen Balance von Work und Life liegen insbesondere in flexiblen und individuellen Arbeitszeitmodellen, einer angepassten Arbeitsorganisation, neuen Führungsmethoden und gesundheitsfördernden Maßnahmen.

In der Studie werden die wirtschaftlichen und gesellschaftlichen Vorteile dieser Maßnahmen beleuchtet. Es wurde ermittelt, dass Investitionen in familienfreundliche Maßnahmen bis zu 25 Prozent Rendite mehr erwirtschaften könnten.[14] Dadurch sind die Mitarbeiter engagierter, haben eine stärkere Bindung zum Unternehmen und eine höhere Arbeitsmotivation. Das sorgt wiederum für niedrigere Fehlzeiten, eine geringere Mitarbeiterfluktuation, eine höhere Kundenorientierung, eine Erhöhung der Innovationskraft und die Verbesserung des Images als Arbeitgeber. Das heißt, Win-win für Unternehmen und Mitarbeiter! Die Sache ist geritzt, möchte man meinen. In Zeiten des Fachkräftemangels wäre das die ideale Lösung für alle Beteiligten. Work-Life-Balance ist keine Sache, die die Millennials erfunden haben. Ein ausgewogenes Berufs- und Privatleben haben sich die Generationen davor auch schon gewünscht, nur aus diversen anderen gesellschaftlichen und wirtschaftlichen Gründen nicht bekommen.

Jetzt soll die neue Generation es so einfach haben? Und all das bekommen, wofür die Boomer und Gen X schon seit Jahrzenten erfolglos kämpfen? Nein, das kann und darf nicht sein. Hier sind wir schon mitten im Dilemma der Work-Life-Balance und warum du im Vorstellungsgespräch nie eine ehrliche Antwort erhalten wirst. In Wirklichkeit ist es eine Neid- und Verständnisdebatte, welche emotional sehr aufgeladen ist. Viele Führungskräfte der älteren Generation haben kein Leben außerhalb der Arbeit. Die Arbeit ist der Dreh- und Angelpunkt ihres Lebens. Privat trifft man sich mit den Arbeitskollegen zum Golfen, um weiter über die Arbeit zu sprechen und gleichzeitig der eigenen Familie zu entkommen, von der man sich vor lauter Arbeit entfremdet hat.

GLEICHES RECHT FÜR ALLE

Jetzt forderst du im Vorstellungsgespräch mehr Life als Work ein, obwohl dein neuer Arbeitgeber mehr Work als Life von dir will. Den Job wirst du aller Wahrscheinlichkeit nach nicht bekommen und eine ehrliche Antwort auf die Frage »Wie sieht es bei Ihrem Unternehmen mit Work-Life-Balance aus« wirst du auch nicht erhalten. Mit viel Glück sitzt jemand Jüngeres aus der Personalabteilung mit im Vorstellungsgespräch und erzählt dir, ob es kostenloses Obst, Fitnessangebote oder einen betriebseigenen Kindergarten gibt. Was du wirklich hören möchtest, ist, ob in dem neuen Job womöglich etliche Überstunden von dir erwartet werden, wie sich die Arbeit mit Familie und Job vereinbaren lässt und wie flexibel die Arbeitszeitgestaltung ist.

Hierzu erfährst du selten die Wahrheit, denn die Realität ist erschütternd. Ich habe in einer Firma gearbeitet, welche mit IT-Dienstleistungen ihr Geld verdiente. Ich würde behaupten, 50 Prozent der Belegschaft hätten ihren Job locker ab und zu von

»Achte auf das Nichtgesagte!«

zu Hause verrichten können, da es der Jobinhalt hergegeben hätte. Die anderen 50 Prozent mussten im Schichtdienst vor Ort arbeiten. Damit es gerecht für alle zugeht, hat man beschlossen, einfach für niemanden Homeoffice zuzulassen. Flexible Arbeitszeitmodelle gab es vielleicht für die in Teilzeit arbeitende Sachbearbeiterin, aber nicht für Führungskräfte. Die Erwartungshaltung war klar. Der Job hat der Dreh- und Angelpunkt des Lebens zu sein. Wenn der Fokus zu sehr auf der Familie, den Haustieren oder den Hobbys liegt, hast du im Vorstellungsgespräch bereits verloren. Wenn einer Sch×××× fressen muss, sollen es bitte alle anderen auch. Da helfen keine Obstkörbe und Lavazza-Kaffeemaschinen drüber hinweg.

WAHRHEIT ÜBER UMWEGE

Wie erfährt man die Wahrheit? Vielleicht kennst du jemanden bei deinem potenziellen Arbeitgeber. Der ist die beste Informationsquelle. Wenn nicht, ist es auch nicht wild. Im Zeitalter von Social Media und der totalen Vernetzung werden nicht nur Uniprofessoren und Lehrer bewertet, sondern auch Firmen. Zum Beispiel gibt es die Plattform kununu.com. Hier bewerten ehemalige und aktuelle Mitarbeiter ihren (Ex-)Arbeitgeber in verschiedenen Kategorien und Work-Life-Balance ist eines der Themengebiete. Ich persönlich finde die Plattform hilfreich, auch wenn hier jeder bewerten kann. Theoretisch kann man Bewertungen auch verfassen, wenn man nie für diese Firma gearbeitet hat. Was sich nicht fälschen lässt, sind die Antworten der Firmen auf schlechte Bewertungen. Diese solltest du dir auf jeden Fall ansehen. Hier zeigt sich meist das wahre Gesicht der Unternehmen und wie kritikfähig und offen für Veränderungen die Firmenkultur wirklich ist. Worauf und worauf NICHT geantwortet wird, ist sehr spannend. Wenn die Firma auf alle schlechten Bewertungen antwortet, außer bei dem Thema Vereinbarkeit von Beruf und Familie, kannst du davon ausgehen, dass es dafür kein Angebot gibt.

Wie kommst du zu deiner Work-Life-Balance? Wie bekommst du Familie, Hobbys und andere Interessen mit dem Job unter einen Hut? Auch wenn dein Arbeitgeber das Thema noch gar nicht auf dem Schirm hat?

KREATIVE WORK-LIFE-BALANCE

Werde kreativ und such dir deine eigene Lösung. Ich arbeitete in einer Führungsposition, als meine Tochter zwei Jahre alt war. Der Job, den ich angenommen hatte, war kein leichter und weit entfernt von »nine to five«. Meine Tage waren lang. Auch wenn ich früh da war, konnte ich nicht früh gehen. Dann saß ich in Meetings oder musste Last-minute-Aktionen für meinen Chef erledigen. Ich war zu Hause gar nicht mehr präsent. Morgens brachte ich mein Kind völlig abgehetzt in die Kita, um ja zum ersten Meeting pünktlich zu erscheinen. Und abends, wenn ich nach Hause kam, lag mein Kind im Bett und schlief. So hatte ich mir das nicht vorgestellt. Ich fühlte mich wie eine weibliche Version der abwesenden Väter. Nur war ich die abwesende Mutter. Mein Mann und ich lebten das gleiche Rollenmodell wie die Boomer nur in umgekehrten Funktionen. Das war unbefriedigend. Obwohl ich meinen Job mochte, wollte ich mehr Zeit für meine Familie haben. Den ersten Schritt in diese Richtung unternahm ich, indem ich morgens einfach nie mehr vor halb zehn im Büro erschien. Ich blockte mir meinen Kalender und achtete darauf, dass das erste Meeting frühestens um zehn Uhr stattfand. So konnte ich in Ruhe mit meiner Familie frühstücken und ein bisschen Zeit mit meinem Kind verbringen.

Das war mir noch nicht genug. Ich wollte noch mehr Raum für meine Familie. Deshalb habe ich kurzerhand einen Tag in der Woche herausgesucht, an dem ich schon um 16 Uhr ging. So konnte ich mein Kind einmal in der Woche selbst von der Kita abholen und in ein strahlendes Gesicht sehen. Zudem haben wir einen weiteren Tag in der Woche etabliert, an dem ich von meiner Familie früher von der Arbeit abgeholt wurde, und wir sind zusammen essen gegangen. Diese beiden Tage waren mein Rettungsanker, sonst hätte ich den Job wahrscheinlich geschmissen.

Wie habe ich das meinem Boomer-Chef verkauft? Ich habe ihm erzählt, dass ich mich, wenn notwendig, abends noch an den PC setzen werde, damit nichts anbrennt. Das kam bei mir nur sehr selten vor. Die Dinge sind oft nicht so heiß, wie sie gekocht werden. Mein Chef hatte das Gefühl, ich hänge mich rein, und ich hatte endlich mehr Zeit für meine Familie, trotz anspruchsvollem Job als Führungskraft.

Das gleiche Prinzip lässt sich auch für Hobbys und andere Interessen anwenden. Ob du nachmittags um drei eine Fußballmannschaft trainieren willst, morgens um zehn Uhr den Spanisch-Sprachkurs besuchen möchtest oder jeden Freitag an der Uni eine Vorlesung gibst.

»PROFI-HACK #8«

CORPORATE BENEFITS ANSTATT WORK-LIFE-BALANCE

Sei kreativ bei der Umsetzung von deiner Work-Life-Balance. Wenn du dir einen neuen Job suchst, schau dich um und informiere dich vorab gut über das Unternehmen. Frag im Vorstellungsgespräch nach den Corporate Benefits anstatt nach Work-Life-Balance. Diese Frage bringt die Personaler am Tisch meist in Höchstform, da sie an der Ausarbeitung der Benefits mit beteiligt waren und glänzen können. Viele Firmen haben extra dafür Broschüren drucken lassen, denn diese Benefits wollen ordentlich vermarktet werden. Wenn es ein flexibles Arbeitszeitmodell gibt, ist es hier niedergeschrieben. Genauso mit Homeoffice-Regelungen, Sportangeboten oder der Möglichkeit, ein Sabbatical einzulegen. Es sagt natürlich nichts über die Qualität dessen aus, ist aber eine gute Indikation.

Gibt es das alles nicht oder das Angebot passt für dich nicht? Dann empfehle ich dir zu schauen, wie du es dir passend machst. Suche nach einer kreativen Lösung, die für dich und auch deinen Arbeitgeber passt. Du bist selbst in der Verantwortung. Das nimmt dir niemand ab.

09. LEBEN MIT DER UMSTRUKTURIERUNG

Umstrukturierung von Firmen und Abteilungen gehört heutzutage zum Firmenalltag dazu. Die Welt ist schneller geworden und zwingt auch Firmen dazu, schneller zu handeln und zu reagieren.

Wenn man nicht vom Marktführer zum Marktverlierer werden möchte, gehört ständige Veränderung an die Marktgegebenheiten dazu. Es wird fusioniert, Abteilungen werden outgesourced, Teams werden ins Ausland verlagert, Kurzarbeit wegen einbrechender Märkte eingeführt oder im schlimmsten Fall werden Mitarbeiter entlassen. Andere Firmen bauen so rasant Mitarbeiter auf, dass die Strukturen kaum hinterherkommen, sich anzupassen. Manche Firmen befinden sich in permanenten Umstrukturierungsprozessen.

Restrukturierungen gibt es immer und sie sind quasi Alltag. Laut einer Umfrage der BIBB/BAuA im Jahr 2018, hatten 40 Prozent der Arbeitnehmer in den letzten zwei Jahren Erfahrung mit wesentlichen Umstrukturierungen oder Umorganisationen in ihrem unmittelbaren Arbeitsumfeld gemacht.[15] Diese Erfahrung sorgte vor allem für eine erhöhte Arbeitsbelastung, weil neue Aufgaben hinzukamen, der Termin- und Leistungsdruck anstieg oder auch die Störungen und Unterbrechungen der Arbeit zunahmen. Man muss kein Genie sein, um zu wissen, worin das mündet: Unzufriedenheit im Job sowie Zunahme stressbasierter Krankheiten.

STABILITÄT IST EINE ILLUSION

Andauernden Veränderungsprozessen fehlt, was viele Mitarbeiter sich wünschen: Stabilität und Sicherheit. Das betrifft nicht nur ältere Generationen. Überraschenderweise betrifft es auch die Generation Y. Laut einer Studie von Deloitte streben drei Viertel der

3/4

»Die Nervenstärke des Kapitäns zeigt sich erst bei rauer See.«

deutschen Millennials eine Festanstellung in Vollzeit an und 35 Prozent davon möchten dies auch länger als fünf Jahre machen. Das Phänomen ist nicht neu. Gerade in unsicheren Zeiten suchen die Menschen nach Beständigkeit und Halt. Umstrukturierungen sind das komplette Gegenteil davon.

Nun ist die Realität aber eine andere. Sichere und stabile Jobs sind kaum noch zu finden. In manchen Firmen geht es regelrecht planlos und chaotisch zu. Was gestern galt, ist heute schon wieder überholt. Wo vor einem Jahr alles zentralisiert wurde, wird zwölf Monate später alles wieder dezentralisiert.

Einmal habe ich erlebt, dass die komplette Buchhaltung mit einer Hauruckaktion ins Ausland verlagert wurde. Die Initiative war Teil eines Effizienzsteigerungsprogramms (heißt Kosten senken) und wurde von einer Unternehmensberatung empfohlen und begleitet. Der Spaß hat eine Unmenge an Geld gekostet und es wurde fast die komplette Buchhaltung in Deutschland aufgelöst. Ein Jahr später musste man einsehen, dass es keine gute Idee gewesen war. Die Firma im Ausland konnte nicht die versprochene Qualität abliefern. Als das damit einhergehende Chaos der Firma um die Ohren zu fliegen drohte, wurde das Ganze wieder zurückgeholt. Ich will damit nicht sagen, dass sich solche Outsourcing-Maßnahmen nicht lohnen. Absolut nicht. Das kann alles Sinn ergeben. Ich möchte dir mit diesem Beispiel nur zeigen, dass die Vorstellung von Sicherheit und Stabilität eine Illusion ist.

LEAD THE CHANGE

Unsicherheit und Unruhe lassen sich heute kaum noch vermeiden. Hier spielt die Führungskraft eine wichtige Rolle. Von Führungskräften wird verlangt, dass sie Umstrukturierungsprozesse aktiv mitgestalten und im Sinne des Unternehmens umsetzen. Zugleich sollen sie ihre Mitarbeiter in diesem Change-Prozess begleiten, ihnen Stabilität vermitteln und ihre Ängste verstehen. Wenn Mitarbeiter Angst haben oder sich durch Restrukturierungsmaßnahmen überfordert fühlen, besteht Gefahr, dass diese von Bord gehen.

Genauso kann jede Führungskraft aktiv dagegen steuern. Analysen belegen, dass sowohl psychosomatische Beschwerden als auch die Unzufriedenheit der Mitarbeiter sich signifikant verringern, wenn diese Hilfe und Unterstützung von einer Führungskraft erhalten, die auch Lob und Anerkennung ausspricht.[16] Dir als Führungskraft kommt gerade in Zeiten von andauernden Veränderungen eine wichtige Aufgabe zu.

Unsicherheit und die Ungewissheit während eines Veränderungsprozesses lassen sich in der Realität kaum vermeiden. Das nagt an den meisten Menschen, da wir Gewohnheitstiere sind. Ohne zu wissen, wie die nächsten Monate oder Wochen aussehen, können die meisten Menschen nur noch sehr schlecht schlafen. Auch wenn es sie nicht betrifft oder klar ist, dass es sie gar nicht betrifft, schwelt die Angst weiter und breitet sich aus wie ein Flächenbrand. Sie sorgt dafür, dass die Mitarbeiter, wenn Veränderungsmaßnahmen bekannt werden, viel Zeit mit Flurfunk verbringen. Die Gerüchteküche brodelt und jeder versucht, einen Wissensvorsprung zu erlangen. Die Produktivität deiner Mitarbeiter und deren Arbeitsqualität wird spürbar sinken. Darauf kannst du dich einstellen. Und doch kannst du mildernd entgegenwirken. Wie so oft ist das Stichwort hier Kommunikation und Vertrauen.

Als Führungskraft erhält man Informationen über eine anstehende Veränderung zuerst. Sie soll diese Veränderung aktiv mitgestalten, indem sie Mitarbeiter im Team reduziert, das Outsourcing von Tätigkeiten plant oder einen Standortwechsel der Abteilung verkauft. »In Krisenzeiten zeigt sich der Charakter«, wusste schon Helmut Schmidt. In der Not kommen die wahren Fähigkeiten von Führungskräften zu Tage und offenbaren Stärken und Schwächen. Was hier von dir erwartet wird, ist die absolute Diskretion der Pläne bis zum offiziellen Bekanntwerden. Damit keiner der Mitarbeiter vorzeitig abspringt und sich etwas Neues sucht. Es ist ein schmaler Grat, den es zu gehen gilt, und gerade darin liegt die Herausforderung. Bei Schönwetter kann jeder das Boot steuern. Ein nervenstarker Kapitän zeigt sich erst bei rauer See.

JETZT BLOSS DIE NERVEN BEHALTEN

Belastbar solltest du in solchen Situationen als Führungskraft auch sein. Bei schwerwiegenden Umstrukturierungen musst du deinem Team Entscheidungen verkünden und durchsetzen, die du manchmal selbst nicht gut findest und die auch sonst niemand in deinem Team gutheißen wird. Du wirst zum Überbringer schlechter Nachrichten und machst dich damit nicht beliebt. Von dir wird Loyalität gegenüber der Geschäftsführung erwartet. Eine Kommunikation à la: »Ich finde das auch blöd, kommt halt von oben und deshalb müssen wir das machen« ist das falsche Signal. Es sieht aus, als hättest du resigniert und würdest dich und das Team dem Schicksal ergeben. Auch wenn du tatsächlich so denkst und fühlst, ist es deine Verantwortung, die Mitarbeiter nicht noch mehr zu verunsichern, als sie es schon sind. Ich rate dir, Berufliches von Privatem zu trennen. Damit schonst du deine eigenen Nerven und musst nicht ständig darauf achten, was du nach Feierabend welchem Kollegen oder Mitarbeiter aus lauter Frust erzählst. Berate dich mit Freunden oder deinem Partner über die Situation in der Firma. Meist hilft der Blick von außen weiter. Wenn dir alles zu viel wird, suche dir einen erfahrenen Coach (siehe Kapitel 5), der dich durch diese Zeit navigiert. So bekommst du den nötigen emotionalen Abstand, auch unpopuläre Maßnahmen durchzusetzen.

In meiner beruflichen Praxis hat es sich bewährt, dem Team Einzelgespräche anzubieten. Auch wenn du das schon lebst, ist es wichtig zu signalisieren, dass du ein offenes Ohr für jeden Mitarbeiter und ihre Ängste und Nöte hast. Nimm dir Zeit und höre zu.

Du musst nichts zusichern, was du nicht einhalten kannst. Selbstverständlich plauderst du keine geheimen oder vertraulichen Informationen aus. Das würde nur noch größeres Chaos auslösen. Sorge dafür, dass sich die Gerüchteküche nicht verselbstständigt, indem du in Gesprächen mit den einzelnen Mitarbeitern die Fakten zurechtrückst. Das kostet Zeit, ist aber unabdingbar. Manchmal helfen bereits ein offenes Ohr und entgegengebrachtes Verständnis weiter. Wenn die Ängste einmal ausgesprochen sind, wirken sie meist weniger bedrohlich.

»PROFI-HACK #9«

IN DER RUHE LIEGT DIE KRAFT

Generell rate ich bei drohender und aktiver Umstrukturierung dazu, abzuwarten, statt in Panik zu verfallen. Nicht immer sind die Veränderungen zum Schlechten. Sehr oft liegen in einer grundlegenden Veränderung auch Chancen. Wird der

Boomer-Bereichsleiter vorzeitig in den Ruhestand geschickt? Werden die Rollen neu verteilt? Das hat schon für manche personelle Überraschung gesorgt und dieses Momentum solltest du auf jeden Fall nutzen. Bring dich in Stellung, strecke die Fühler aus und schnappe zu, wenn sich dir eine Chance bietet.

Auch wenn die Umstrukturierung wie der Elefant im Raum steht, aber noch nicht ausgesprochen wurde, bewahre Ruhe und warte ab, was sich davon als wahr entpuppt. Manch ein Deal platzt noch, ehe die Tinte auf dem Papier trocknen kann, und ist das ganze Drama nicht wert. In der Ruhe liegt die Kraft und das kann ich hier wirklich nur jedem empfehlen.

10. NEVER F××× THE COMPANY

Wir verbringen im Normalfall viel Zeit auf der Arbeit, und so ist es nicht verwunderlich, dass sich viele Paare auf der Arbeit kennen und lieben lernen. Bei einer 40-Stunden-Woche ist es mehr Zeit, als wir mit Freunden, Familie oder Hobbys verbringen. Mit den Kollegen sitzen wir in Meetings, gehen zur Mittagspause oder treffen uns auf ein Feierabendbierchen. Die beruflichen Herausforderungen des Arbeitsalltags schweißen zusammen.

Man hat ähnliche Ausbildungen durchlaufen, teilt Ansichten und Werte. Hat denselben sozialen Status. Viele Gemeinsamkeiten kommen mit dem Job und sind das verbindende Element. So entstehen leicht Liebespaare, Romanzen oder auch Affären. Man lernt sich gut kennen und manchmal eben auch mehr als das. In einer Umfrage des *ERFOLG Magazins* haben 45 Prozent der Befragten angegeben, bereits einmal eine Liebesbeziehung mit Kollegen aus dem eigenen Team begonnen zu haben. Und 33 Prozent der Befragten gaben an, eine Beziehung mit einem Mitarbeiter einer anderen Abteilung geführt zu haben.[17] Laut dem Diplom-Psychologen Markus Ernst ist der Job die drittgrößte Partnerbörse nach Freundeskreis und Ausbildung. Grundsätzlich bin ich der Meinung: leben und leben lassen! Die Nadel im Heuhaufen ist nicht so leicht zu finden. Wenn du deinen Traumpartner in der Arbeit findest, gratuliere ich dir!

ERWARTE DAS UNERWARTETE

Dieses Kapitel dreht sich jedoch nicht darum, wie du den idealen Partner im Job findest, sondern es geht darum, die »versteckten« Paare ausfindig zu machen. Liebespaare, die aus diversen Gründen ihre Liebe nicht öffentlich zeigen können. Zum Beispiel,

*»Ich weiß,
was ich
nicht weiß.«*

weil sie mit einem anderen Partner liiert sind. Oder sie sich in einem Vorgesetzten-Mitarbeiter-Verhältnis befinden. Oder ein enormer Altersunterschied besteht. Die Ursachen sind vielfältig und spielen im Grunde genommen keine Rolle. Viel wichtiger ist es für dich zu wissen, wer mit wem die Kissen zerwühlt. Warum? Wen interessiert das? Ist doch alles nur Getratsche und völlig irrelevant.

Sieh es als deine Absicherung. In solchen Konstellationen kannst du schneller in ein Fettnäpfchen treten, als dir bewusst ist.

Stell dir vor, du arbeitest an einem Projekt und das Team wird von heute auf morgen um eine Person erweitert. Es hatte niemand darum gebeten und du hältst es nicht unbedingt für notwendig. Aber dein Chef besteht darauf. Auf Nachfrage erhältst du keine wirkliche Begründung, sondern nur die Aussage: »Fragen nicht erwünscht«. Du stellst im Laufe des Projektes fest, dass die Person nicht kompetent ist und den Teamerfolg mehr behindert als fördert. Weil du bei deinem Chef nicht weitergekommen bist, kotzt du dich abends bei einem Glas Bier bei deinem Kollegen über die Situation aus.

Dieser ist eng mit dem Geschäftsführer verbandelt. Schneller als du schauen kannst und ohne, dass du es wolltest, ist diese Info zu ihm durchgedrungen. Ab da kannst du deine Karriere auf Eis legen, denn was du nicht wusstest: Der Geschäftsführer hat eine Affäre mit dieser Person. Du kannst nur auf einen Wechsel an der Spitze oder ein Ende der Affäre hoffen. Viel Glück!

Auch wenn es nach Klischee und einer längst vergangenen Zeit klingt, ist diese Geschichte so passiert. Ich war nur Beobachterin, fand die Lektion äußerst lehrreich. Es ist wichtig zu wissen, bei wem die Funken fliegen. Dann vermeidest du, ins Fettnäpfchen zu treten oder dich unbeliebt zu machen.

Ach ja, dabei geht es nicht nur um die typische Chef-Sekretärinnen-Beziehung. Es gibt heute immer weniger Sekretärinnen. Von daher, sei auf alles gefasst.

RISIKEN UND NEBENWIRKUNGEN

Und wenn du dich im Job in jemanden verliebst? Dann hoffe ich natürlich inständig, dass deine Gefühle erwidert werden und ihr zueinanderfindet.

Auch hier rate ich zu Vorsicht, denn es gibt Gewinner und Verlierer. Vor allem als Führungskraft solltest du dich nicht in eine Sackgasse manövrieren. Partnerschaftliche Beziehungen mit den eigenen Mitarbeitern halte ich für ein absolutes Tabu. Sollte das einer im Team spitzkriegen, wird dir schnell Übervorteilung des Partners unterstellt, egal ob es stimmt oder nicht. Der Rest des Teams wird sich immer und überall benachteiligt fühlen und Tratscherei, schlechte Stimmung, Neid und Missgunst sind die Folge. Wenn dein Chef das erfährt, wird er nicht begeistert sein und einen von euch aus dem Team ziehen.

Wenn du eine Affäre in der Firma anfängst, obwohl alle wissen, dass du verheiratet, verlobt oder anderweitig fest liiert bist (was ich moralisch nicht bewerten möchte), solltest du absolute Diskretion wahren und niemandem davon erzählen. Auch wenn die Schmetterlinge noch so im Bauch herumfliegen. Es ist absolut kontraproduktiv, dieses Geheimnis preiszugeben. Damit machst du dich erpressbar. Zudem können Affären im Job Karrieren zerstören oder dich in ein äußerst ungünstiges Abhängigkeitsverhältnis bringen. Was machst du, wenn die Beziehung auseinandergeht? Dann hängt man im gleichen Team und sieht sich jeden Tag, obwohl man Abstand benötigt.

Diese Situation solltest du gedanklich einmal durchspielen. Fast jede zweite Bürobeziehung geht in die Brüche und 16 Prozent nicht im Guten.[18] Wenn du keine Urlaubstage mehr erübrigen kannst, um dem Ex aus dem Weg zu gehen, wird es schnell kritisch. In letzter Konsequenz hilft nur noch der Jobwechsel. Dieses Risiko solltest du dir bewusst machen, bevor du eine Beziehung im Job eingehst.

SEI DIR DER KONSEQUENZEN BEWUSST

Nun sagt sich das alles so schön in der Theorie. Wenn in der Praxis der Blitz einschlägt, schaltet sich der Verstand ab und das Herz übernimmt das Ruder. Genauso ist es mir passiert. Ich habe meinen Prinzipien über Bord geworfen und eine Beziehung mit einem Kollegen angefangen. Viele Jahre habe ich solche Konstellationen konsequent vermieden, bis ich meinen eigenen Prinzipien untreu geworden bin und aus »never f××× the company« wurde »never f××× the own Kostenstelle«.

Ich hatte mich in einen Kollegen verschossen, der mit mir in der Firma arbeitete, nur nicht in meiner Abteilung. Ich war in einer höher gestellten Position als er und musste ihm regelmäßig Arbeitsanweisungen erteilen und die Ergebnisse beurteilen. Das fand ich schon grenzwertig. Die Ergebnisse waren nicht immer überragend und die Beziehung hat dafür gesorgt, dass ich mit ihm sehr nachsichtig umging. Die Sache währte relativ lange und es war eine tolle Zeit. Wir hielten die Beziehung am Anfang geheim. Da unser Freundeskreis aus vielen Kollegen bestand, wussten es bald alle. Für unsere Vorgesetzten war es kein Problem und insgesamt hatte es einige Vorteile. Wir konnten zusammen zur Arbeit fahren, uns mal eben kurz absprechen oder gemeinsam Mittagessen gehen. Es kam, wie es kommen musste, und die Beziehung ging auseinander. Von da an wurde es kompliziert. Wir versuchten, uns, so gut es ging, aus dem Weg zu gehen.

Heute würde ich mich auf diese Art der Beziehung nicht mehr einlassen. Es ist einfach zu kompliziert, die Dinge auseinanderzuhalten, vor allem wenn man nicht im Guten auseinandergeht. Mir kam ein gutes Jobangebot zur Rettung und so habe ich die Firma kurz nach der Trennung verlassen.

»PROFI-HACK #10«

LIEBE BRAUCHT DISKRETION

Falls es dich wie mich trotzdem erwischt, sei diskret. Keine Verabredungen in der Besenkammer (auch wenn die Vorstellung reizvoll klingen mag) oder Treffen im Büro, wenn alle schon nach Hause gegangen sind. Ihr wollt nicht von der Putzfrau oder dem Security-Mann erwischt werden. Für die ist das eine super Story zum Rumtratschen und somit macht es garantiert die Runde. Geh professionell mit der Situation um. Wenn ihr im selben Team seid und die Chef-Mitarbeiter-Situation habt, sollte sich einer von euch einen neuen Job suchen. Eine andere Abteilung reicht meist schon aus. Die Liebe muss wirklich groß sein, um den Job zu wechseln. Die Statistik spricht hier übrigens Bände. Nur 5 Prozent der Beziehungen im Job enden mit einem »Ja, ich will« und Ehering.

II. WIE DEIN CHEF DICH IN RUHE LÄSST

11. BABY-BOOMER ZÄHMEN

»Erpressung!«, polterte mein Chef durch die Flure. »Ich lasse mich nicht unter Druck setzen!«; brüllt er weiter, als ich mit Engelszungen auf ihn einredete und versuchte, ihn zu beruhigen.

»Erst recht nicht von jemandem, der gerade aus der Elternzeit zurückkommt. Dann holen wir lieber einen Externen!« Er war jetzt in voller Fahrt. Warum eigentlich? Eine Mitarbeiterin von mir wollte aus der Elternzeit zurückkommen. Sie verlangte aber eine Gehaltserhöhung. Ich war froh, dass sie wieder einsteigen wollte, denn ich brauchte sie dringend. Meine Abteilung hatte mehr Projekte als Mitarbeiter. Jede fähige Kraft wurde gebraucht. Die Gehaltserhöhung war eh überfällig, aber mein Chef sah die Forderung als Erpressung an. Er war zwischenzeitlich zur Hochform aufgelaufen. »Hier dürfen wir auf gar keinen Fall nachgeben. Wo kämen wir denn da hin?«

Gott, war das anstrengend. Wegen der paar Euro riskierte er lieber, dass wir die Projekte nicht zur Tür durchbekamen. So kam ich hier nicht weiter. So einen Betonkopf musste ich anders ins Boot holen. Also geordneter Rückzug und erst einmal nachdenken. Wie bekam ich meinen Vorgesetzten dazu, über seinen Schatten zu springen und der Gehaltserhöhung zuzustimmen? Das würde nicht einfach werden. Denn er ist ein besonders konservativer Vertreter der Generation »Babyboomer«.

DIE BABYBOOMER – EINE SEHR VERBREITETE SPEZIES

Die Babyboomer sind im Berufsalltag überall und vor allem an den Hebeln der Macht. Doch wer sind diese Leute eigentlich? Und woher kommt der merkwürdige Name? Die Generation verdankt ihr Etikett der Geburtenrate. Diese war in der Zeit von 1946 bis

1964 außergewöhnlich hoch. Deutschland atmete auf nach Jahren des Kriegs, Elends und Verzichts, und da die Menschen endlich wieder voller Hoffnung und Zuversicht waren, bekamen sie jede Menge Kinder. Die Frauen gebaren im Schnitt 2,2 Kinder. Im Jahr 1964 kam es zu einer Rekordgeburtenrate von 1,36 Millionen.[19] Das sind 3 708 Babys an einem Tag oder 155 in der Stunde – so viele wie nie zuvor und nie danach in der Geschichte Deutschlands. Nur zum Vergleich: Im Jahr 2018 brachte jede Frau in Deutschland statistisch noch 1,57 Kinder zur Welt.

Was macht die Generation der Babyboomer aus und wie tickt sie?

Ihre Vertreter sind aufgewachsen nach dem Zweiten Weltkrieg, in der leistungsorientierten Welt des Wirtschaftswunders. In ihrer Jugendzeit haben sie das erste Mal einen sozialdemokratischen Kanzler – Willy Brandt – erlebt. Die Frauen begannen langsam, sich zu emanzipieren, und Straßendemos, ob für die Pille oder gegen Atomenergie und mehr Umweltschutz, waren etwas Selbstverständliches. Doch die Generation hatte es auch schwerer, eine Lehrstelle, einen Studienplatz oder einen Job zu finden, denn die Konkurrenz war groß. Die Babyboomer sind eine Generation, die sehr viel erschaffen und geschaffen hat. Beispielsweise verdanken wir ihr den Bildungsstand, den wir heute genießen, denn diese Generation war an der Bildungsrevolution stark beteiligt. Allerdings sind viele Babyboomer aufgrund ihrer unbestrittenen Verdienste im Laufe der Zeit selbstgerecht geworden. Sie blicken auf die jüngeren Generationen herab, belächeln deren Lebensstil – das hektisch-moderne Leben, vegane Ernährung, Klimademos und regionale Biokisten. Sie registrieren verwundert, dass die jungen Leute keine Autos mehr kaufen, sondern teilen oder Fahrrad fahren. Dass heutzutage über politisch korrekte und gendergerechte Sprache nachgedacht werden soll oder dass die Digital Natives immerzu am Smartphone hängen.

Viele Babyboomer regen sich über alles und jedes auf, das Veränderung bedeutet. Am liebsten möchte diese Generation, dass alles so bleibt, wie es ist. Bloß keine Veränderung! Wenn es schon unbedingt sein muss, dann bitte im Schneckentempo. Bitte keinen »übertriebenen Aktionismus«, immer ein Schritt nach dem anderen. Gähn ... Ein gar nicht so kleiner Teil dieser Generation versteht die jüngeren Mitarbeiter nicht, die den Anspruch haben, dass ein Job Spaß machen und einen Sinn erfüllen soll. Das geht meiner Generation übrigens häufig auch nicht anders. Die »Generation Golf« (oder Generation X) der Geburtsjahrgänge 1965 bis 1979 hält sinnerfülltes Arbeiten vielfach für puren Luxus und für weltfremd. Die Folge: Obwohl die »X-ler« den Millennials zutrauen, die Welt zu verändern, lassen sie diese nicht wirklich ans Ruder. Die Veränderung und das Tempo, das diese Generation mitbringt, kann die Generation Golf nur schwer verkraften. Sie musste sich ihren Weg nach oben erkämpfen und hat noch Sätze zu hören bekommen wie »Lehrjahre sind keine Herrenjahre«, »Nicht gemeckert, ist genug gelobt«, »Sporen muss man sich erst einmal verdienen«. Solche Sprüche waren für die Karrieren der Pre-Millennium-Generationen Alltag und wurden verinnerlicht. Shortcuts waren nicht erlaubt. Einen Fachkräftemangel gab es am Anfang der Karrieren genauso wenig wie überall verfügbares WLAN. All das erklärt, warum diese Generationen vielfach Schwierigkeiten haben, die Leichtigkeit und die Unbeschwertheit der Millennials zu verstehen.

WARUM STELLEN DIE ÄLTEREN SICH EIGENTLICH SO AN?

In früheren Generationen wurde also kaum nach dem Sinn der Arbeit gefragt. Auch wenn die Babyboomer ihre Arbeit möglicherweise als inhaltlich wenig befriedigend sahen, stand diese doch immer an erster Stelle. Schließlich musste die Familie versorgt, das Reihenhaus bezahlt und der Lebensstandard sichergestellt werden. So dachten Heerscharen gleichförmiger, meist männlicher Alleinverdiener, Generationen von abwesenden Vätern, gefangen im Hamsterrad der Verpflichtungen. Jetzt kommt die Generation der Millennials daher, die so frei und selbstbestimmt ist, wie keine Generation vorher. Diese Generation nimmt sich das Recht auf sinnerfüllte Arbeit heraus. Sie möchte ganz selbstverständlich Familie und Job unter einen Hut bringen und kann sich am Arbeitsmarkt den Traumjob rauspicken wie die Rosinen aus dem Brötchen. 76 Prozent der deutschen Millennials in fester Anstellung sind überzeugt, dass sie die nötigen Kompetenzen für die digitale Zukunft mitbringen, und fühlen sich besser gerüstet als ihre internationalen Altersgenossen.[20] Vielleicht denkst du das auch? Bestens ausgebildet, erobern die Digital Natives die Welt. Sie arbeiten und reisen gleichzeitig. Bauen während eines Sabbaticals Brunnen in Afrika. Drehen Videos zur Europawahl, welche die Politik erschüttern. Gehen auf die Straße, um gegen den von den Babyboomern und der Generation X mitverschuldeten Klimawandel zu demonstrieren. Immer mit dem Ziel, das Beste aus dem eigenen Leben zu machen.

Das alles ist in den Augen der älteren Generationen schon fast unverschämt. Wenn sie ganz ehrlich sind, hätten sie das alles gern selbst (gehabt). Wer will denn keine Work-Life-Balance? Wer möchte nicht mehr Zeit mit seinen Kindern verbringen? Seinen Hobbys nachgehen? Die Welt zu einem besseren Ort machen? Sinn und Befriedigung in der Arbeit finden? All das war für die Pre-Millennial-Generationen keine Option, und genau hier liegt das Problem. Eigentlich ist dieser Generationenkonflikt eine Neiddebatte, gespeist vom Ärger darüber, dass die Millennials sich alle Rechte herausnehmen dürfen. Dass sie sich nicht erst mühsam nach oben buckeln müssen, sondern ihnen aufgrund des Fachkräftemangels der rote Teppich ausgelegt wird.

PLATZ DA, JETZT KOMMEN DIE MILLENNIALS

Die letzten Babyboomer werden spätestens 2030 das Rentenalter erreicht haben. Die Generation X und die Millennials stehen bereits in den Startlöchern, um nachzurücken. Bis Ende 2025 werden die Millennials 40 Prozent der Jobs weltweit besetzt haben.[21] Noch ist es nicht so weit. Heute machen die Geburtsjahrgänge der 1950er- und 1960er-Jahre 30 Prozent der Bevölkerung aus. Jede vierte Person in der Verwaltung in Deutschland ist älter als 55 Jahre. 21 der 30 heute amtierenden Dax-Vorstände sind zwischen 1945 und 1964 geboren. Die Generation der Babyboomer stellt 50 Prozent des Deutschen Bundestags und sitzt an den Hebeln der Macht. Viele Führende krallen sich mit aller Kraft an ihren Stühlen fest. Sie trauen der jüngeren Generation nichts zu und halten deren Arbeitsmoral für bedenklich. Zudem haben etliche von ihnen vor lauter Arbeit kein wirkliches Privatleben entwickelt und klammern sich deshalb an ihre Posten wie Ertrinkende an einem Strohhalm. Das klingt deprimierend, ist aber die größte Chance für jeden Millennial. Denn die Generation der Babyboomer ist sehr homogen. Ihre Vertreter tragen die gleichen Anzüge, Schuhmarken, Uhren und (wenn noch Haare vorhanden) die gleichen Frisuren. Sie fahren die gleichen Firmenwagen, natürlich alle in schwarz oder silber und haben ähnliche Ansichten über das Leben. Genau darin liegt die Chance. Wenn ich einen typischen Babyboomer verstanden habe, verstehe ich sie alle. Dann kann ich sie mit etwas Diplomatie für meine Ziele gewinnen. Hier wären wir schon beim wichtigsten Erfolgshebel für die Millennials: Nutze die Homogenität! Geh nicht mit dem Kopf durch die Wand, sondern lenke die Mächtigen mit der richtigen Strategie.

Deshalb habe ich dir sehr ausführlich erklärt, wie die Generation tickt. Ich empfehle dir für wichtige Gespräche mit Babyboomern, dass du dich gedanklich darauf einstellst, was dein Gegenüber von dir erwartet. Im Zweifel will er einfach seine Ruhe haben. Er will, dass alles so weiter läuft wie bisher, dass sich nichts grundlegend verändert und dass er trotzdem Erfolge vorweisen kann. Das ist natürlich ein Widerspruch in sich. Genauso habe ich es oft genug erlebt. Wenn ich ein paar Jahre vor meiner Pensionierung stehe, will ich wahrscheinlich auch nichts Neues mehr anfangen und keine riskanten Projekte mehr starten. Dann gilt es, um jeden Preis den aktuellen Job zu behalten und über die Ziellinie zu kommen. Die Chancen, in diesem Alter noch einen neuen und ähnlich gut bezahlten Job zu finden, sind nicht groß. Wenn du all das im Kopf hast, öffnen sich sehr kreative Wege, einen aufgebrachten Babyboomer zu zähmen – oder so strategisch vorzugehen, dass er sich erst gar nicht aufregt.

»PROFI-HACK #11«

PERSPEKTIVWECHSEL

Wie habe ich die Sache mit der Gehaltserhöhung der Mitarbeiterin gelöst? Ich habe einen Perspektivwechsel vollzogen. Für meinen Chef war es unvorstellbar, dass jemand aus der Elternzeit heraus Forderungen stellt. Eine Gehaltserhöhung muss man sich erst einmal verdienen. Die Mitarbeiterin versuchte aus seiner Sicht, die Notlage der Firma auszunutzen. Das hätte es früher nicht gegeben. Da gab es ja auch keine Elternzeit, und man war froh, überhaupt einen guten Job zu haben. In dieser Situation brauchte ich eine kreative Lösung. Die lieferte mir meine Mitarbeiterin sogar selbst. Es ließ sich nämlich kein Kindergartenplatz für das Kind finden. Schließlich erklärte sich ihr Mann bereit, zu Hause zu bleiben. Dieser verdiente jedoch in seinem Job einiges mehr als sie. Durch den Rollentausch würde meine Mitarbeiterin die Versorgerin der Familie werden und damit benötigte sie mehr Geld. Das war mein ideales Verhandlungsargument. Die Rolle des Hauptverdieners und Versorgers kannte mein Babyboomer-Chef und fand sich darin wunderbar wieder. Plötzlich waren die Forderungen nicht mehr egoistisch und erpresserisch, sondern die Mitarbeiterin befand sich in einer »Notlage«. Wer hilft da nicht gern? Die Gehaltserhöhung wurde genehmigt. Ich hatte den richtigen Trigger für meinen Chef gefunden und konnte diesen wunderbar einsetzen, um ans Ziel zu gelangen. Die Mitarbeiterin hat sich übrigens außerordentlich für die Firma engagiert und legte mit krankem Kind von zu Hause aus Nachtschichten ein, damit wir Projekte pünktlich fertigbekamen.

12. LABER-FLASHS MUSS MAN ERTRAGEN

In den Führungsetagen tummeln sich erstaunlich viele extrovertierte Menschen. Manchmal beschleicht mich das Gefühl, dass diese Eigenschaft eine Voraussetzung ist, um in die heiligen Hallen des Managements vorzudringen. Extrovertierte sind selbstbewusst, haben ein sicheres Auftreten, kein Problem damit, sich zu präsentieren, und erhalten gern Applaus und Bestätigung. Sie werden deshalb gehört, gesehen und wahrgenommen. Zudem können sie schneller entscheiden und sind eher bereit, Risiken einzugehen. Alles Eigenschaften, die von Personen mit Managementfunktionen verlangt werden. Alphatier-Eigenschaften gelten gemeinhin als Garant für eine erfolgreiche Führungsperson.

Extrovertierte Menschen zeichnen sich aber auch dadurch aus, dass sie Gespräche dominieren. Sie hören sich selbst am liebsten reden und das gern viel. Gemeinhin gilt immer noch: Wer viel redet, hat wohl auch etwas zu sagen. Vor allem bis vor ein paar Jahren galt: Wer viel redet, ist wichtig. Derjenige mit dem höchsten Redeanteil ist die wichtigste Person im Raum. Gerade Chefs der Boomer-Generation sind es gewohnt, nicht unterbrochen zu werden und – vor allem – keinen Widerspruch zu hören. Es ist für sie normal, dass sie per Amt und Würden die meiste Redezeit haben, ihre Mitarbeiter beliebig unterbrechen und stundenlang über Themen referieren dürfen, worin ihnen die Expertise fehlt. Frei nach dem Motto: »Ich mache hier die Ansagen« oder »Wer die Kapelle bezahlt, bestimmt, was gespielt wird«. Das typische Alphatier, das vorangeht und hinter dem alle anderen schön artig hinterherwatscheln, hat allerdings ausgedient.

INTROVERTIERT IST DAS NEUE EXTROVERTIERT

Mittlerweile hat sich rumgesprochen, dass Gespräche, die von einer Person dominiert werden, die Kreativität unterbinden und neue Ideen so schon im Keim erstickt werden. Weniger Alphatiergehabe ist gefragt. Stattdessen wird von modernen Führungskräften ein gesundes Maß an Zurückhaltung, Kooperation, gutes Zuhören und genaues Beobachten verlangt. Es braucht zwar nach wie vor entscheidungsstarke Menschen in der Führung, jedoch geht es heute auch darum, die Mitarbeiter zu befähigen und Vereinbarungen im Team zu erarbeiten. Das gelingt, indem ich die Verantwortung teile, zu gemeinsamen Lösungen animiere, aktiv zuhöre und Impulse von Mitarbeitern aufgreife. Alles Fähigkeiten, die introvertierten Führungskräften leichter fallen als den extrovertierten Rampensäuen. Es gibt einige prominente Beispiele von introvertierten erfolgreichen Persönlichkeiten: Warren Buffett, Bill Gates, Mark Zuckerberg und Angela Merkel, um nur einige zu nennen. Sie alle sind vielleicht gerade aufgrund ihrer Introvertiertheit so erfolgreich geworden. Denn sie verfügen über wichtige Schlüsselkompetenzen in einer komplexen Welt, in der der Einzelne nicht mehr alle Informationen besitzt. Zuhören, Eigeninitiativen fördern und Impulse von Teammitgliedern aufgreifen. Damit dauern Entscheidungen vielleicht etwas länger, sie sind aber weniger risikoreich. Extrovertierte wiederum sind die besseren Führungskräfte bei eher passiven Mitarbeitern. Diese sind häufiger in der »old work« und in hierarchischen Organisationen anzutreffen, in sogenannten HORGs.

Was machst du also, wenn du einen Chef hast, der noch vom alten Schlag ist? Wenn dein Chef das alles schon einmal gehört hat, aber trotzdem an den alten Management-Methoden festhält und es nicht schafft, sein Verhalten anzupassen? Hier kommt eine schlechte Nachricht. Chefs, die aufgrund ihrer Funktion erwarten, immer der Mittelpunkt zu sein, sind geprägt von einem falsch verstandenen Bild von Führung. Dieses lässt sich bedauerlicherweise aber durch dich nicht ändern. So wie man seine Eltern, Großeltern, Lehrer oder Partner nicht erziehen kann, so kann man auch nicht den eigenen Chef ändern. Egal wie sehr man sich das wünscht. Das solltest du möglichst schnell verinnerlichen.

Generell hat dein Chef, nach dir, den größten Einfluss auf dein berufliches Vorankommen. Er entscheidet über deine nächste Gehaltserhöhung. Er schlägt dich für eine neue Position oder Beförderung vor. Er genehmigt dir zusätzliches Budget oder neue Mitarbeiter und unterstützt dich bei notwendigen Veränderungsprozessen. Er stellt sich vor dich, wenn es nicht gut läuft. Oder er lässt dich im Regen stehen, wenn du nicht nach seinen Regeln spielst, immer davon abhängig, ob du ihm ein treuer und ergebener Mitarbeiter bist. Hier also auf Krawall zu machen und jemanden umerziehen zu wollen, bringt nichts als Ärger ein. Wer am längeren Hebel sitzt, wird diese Macht im Zweifel nutzen und dich auf deinen Platz verweisen.

Krawall und Remmidemmi werden ins Leere laufen. Du schneidest dir damit nur ins eigene Fleisch. Viel smarter ist es, bei dir selbst und deiner Einstellung zur Situation anzufangen. Ein gedanklicher Perspektivwechsel kann für mehr Verständnis gegenüber dem egozentrischen Chef sorgen. Am besten hilft es, die Motive, die hinter dem Verhalten liegen, kennen zu lernen.

»Wer am längeren Hebel sitzt, wird nicht den Kürzeren ziehen.«

VERSTÄNDNIS STATT KONFLIKT

Eines ist sicher: Das Verhalten deines Chefs hat nichts mit dir persönlich zu tun. Ein herrschaftliches Verhalten ist meistens über Jahrzehnte hinweg antrainiert und wurde so auch bis vor einigen Jahren von den Mitarbeitern ohne Murren akzeptiert. Tatsächlich ist es oft ein Zeichen von fehlender Selbstreflexion, mangelnder Souveränität, tiefsitzender Unsicherheit und einem angeschlagenen Selbstwert. Das laute und bestimmende Verhalten soll von den eigenen persönlichen und fachlichen Schwächen ablenken. Nachfragen der Untergebenen sind da nur hinderlich und werden durch respektloses Unterbrechen im Keim erstickt. Die Unterbrechung ist ein klares Signal: *Du hast jetzt Sendepause und das, was ich zu sagen habe, ist ohnehin wichtiger als dein Gequatsche*. Frauen haben dabei doppelt das Nachsehen. Männer unterbrechen Frauen tendenziell doppelt so oft wie umgekehrt. Das hat den Begriff »Manterrupting« geprägt. Eine Mischung aus »man« und »interrupting«. Das ist keine gefühlte Wahrheit, sondern wissenschaftlich belegt. In den meisten Fällen sorgt es tatsächlich dafür, dass die Methode der Unterbrechung funktioniert. Die Mitarbeiter (egal, ob Mann oder Frau) lernen schnell, dass es den Kampf nicht wert ist. Diese Schlacht lohnt sich nicht zu kämpfen.

Ich hatte auch schon einmal einen extremen Fall dieses Cheftypus. Er hörte sich am liebsten selbst reden und zwar stundenlang. Er wollte immer im Mittelpunkt stehen, auch wenn er von dem, was er sagte, keine Ahnung hatte. Es war ihm zuwider, wenn er zuhören musste. Das konnte man ihm an seiner Gestik und Mimik ansehen. Ich fand es erst nervig und versuchte, mir meine Redezeit zu erkämpfen. Das führte leider nur dazu, dass er aggressiv wurde und ich in Ungnade fiel. Nachdem ich mir ein paar Mal ein »blaues Auge« abgeholt hatte, habe ich mir einige Überlebensstrategien zugelegt.

1. **SOZIALE GERÄUSCHE:** Eine äußert passive, aber sehr wirkungsvolle Methode ist, einfach nur zuzuhören und dabei möglichst viele soziale Geräusche zu machen. So was wie: »ah«, »oh«, »mh«, »ja«, »interessant« und so weiter. Diese Methode habe ich immer dann angewendet, wenn ich gar nicht in Stimmung auf die Laberflashs meines Boomer-Chefs war. Ich habe meinen Senf nur noch dazugegeben, wenn es unbedingt erforderlich war oder ich dazu aufgefordert wurde. Der große Vorteil: Ich konnte währenddessen gedanklich meine Abendaktivitäten durchgehen, meinen nächsten Einkauf planen, überlegen, wen ich seit längerer Zeit mal wieder anrufen wollte, oder die Szene einfach nur beobachten und lernen, wie man es heutzutage eben nicht mehr macht.
2. **DIE WORTE DES CHEFS BESTÄTIGEN:** Auch wenn es ein wenig wie anbiedern klingt, ist es hilfreich, die ausufernden Worte des Chefs ab und an zu bestätigen. Diese Methode ist eine sichere Bank und lässt dich in der Beliebtheitsskala einige Punkte nach oben klettern. Nach Bestätigung gieren die meisten extrovertierten Chefs, genauso wie ein Verdurstender nach Wasser lechzt.
3. **KONTAKT VERMEIDEN:** Diese Methode habe ich zu schätzen gelernt. Wann immer es mir möglich war, habe ich den Kontakt zu meinem Chef gemieden. Hier sollte man jedoch fein dosieren, denn das ist sehr auffällig und lässt einen in der Gunst sinken. Manchmal ist es ein adäquates Mittel, um nicht selbst den Verstand zu verlieren.

4. **NUR EIN WICHTIGES THEMA PRO MEETING:** Da der extrovertierte Boomer-Chef gern redet, wirst du deine Themen pro Meeting reduzieren müssen. Er beansprucht für sich schon die meiste Redezeit. Der große Vorteil: Je weniger Themen du ansprichst, desto weniger Arbeitsaufträge purzeln am Ende dabei heraus. Dein Leben wird entspannter.
5. **LABERFLASHS NICHT UNTERBRECHEN:** Den Versuch, das »galoppierende Pferd« einzufangen, kann ich übrigens nicht empfehlen. Beschwichtigungen oder Unterbrechungen sorgen nur dafür, dass sich die Situation verschlimmert.

»PROFI-HACK #12«

SCHLAG DEN CHEF MIT SEINEN WAFFEN

Ein Chef, der gern redet, ist manchmal ein dankbares Geschöpf. Wenn du ein Meeting mit ihm hast und du eventuell nicht gut vorbereitet bist, spielt er dir in die Karten. Ein Chef, der effizient seine Zeit nutzt, wird dich schnell wieder aus seinem Büro schicken und dich bitten, deine Hausaufgaben zu machen, oder du bekommst noch neue Arbeitsaufträge hinzu. Der autoritäre und extrovertierte Laber-Chef dagegen redet viel zu gern. Und zwar nicht nur über Berufliches. Mit ihm kannst du super über alles andere reden. Schließlich kennt er sich überall bestens aus und hat zu allem eine Meinung. Da kann man in einem Meeting, das für eine Stunde angesetzt ist, auch 55 Minuten über Fußball, Golfen, Autos, gute Restaurants oder sonst was reden. Je mehr ihn das Thema betrifft, weil er vielleicht selbst Golf spielt oder sein Auto über alles liebt, umso besser. Wir Menschen sprechen am liebsten über uns selbst. Das kannst du hier ganz wunderbar nutzen. Du lässt das Gespräch ganz entspannt laufen und fragst immer wieder nach neuen Details. Wie hoch ist sein Handicap? Wie lange hat er dafür gebraucht? Spielt seine Frau auch Golf? Welche Schläger benutzt er? Hat er einen Personal Trainer? Geht er jedes Loch zu Fuß? In welchem Golfclub ist er? Ach, die Fragemöglichkeiten sind endlos und ein Meeting ist so schneller um, als du für möglich hältst.

Du findest, das ist Schleimerei? Du willst dich nicht auf solch eine Art und Weise einschmeicheln? Niemandem in den A×××× kriechen? Na, du zeigst doch einfach nur Anerkennung und Hochachtung vor dem Wissen deines Chefs und möchtest testen, ob es wirklich fundiert ist. Mach ein Spiel daraus. Wie viele Minuten macht dein Chef das mit, bevor er selbst zum Fachlichen umschwenkt? Vielleicht zieht er es bis zum Ende durch? Auch das habe ich schon erlebt. Das ist der Lottogewinn. Dann nutzt du die letzten Minuten, um nur noch schnell das notwendige Übel zu klären. Während du schon zur Tür rausgehst, platzierst du noch schnell deine Botschaft oder holst die erforderliche Entscheidung ein. Es wird nicht mehr viele Nachfragen geben, denn dein Chef muss weiter.

13. WER SOLL DICH SCHON ERSETZEN?

Der Arbeitsmarkt war für junge Menschen selten so chancenreich wie aktuell. Deutschland gehört zu den Ländern mit der höchsten Beschäftigungsquote in der EU[22] und ist nach Tschechien das Land mit der prozentual geringsten Jugendarbeitslosigkeit[23]. Vor allem Hochschulabsolventen haben gute Aussichten.

Mediziner, Informatiker, Wirtschaftswissenschaftler und Lehrer brauchen sich die wenigsten Sorgen machen, ob sie einen Job finden werden. In diesen Berufen herrscht absoluter Personalmangel. Nach einer Studie der Bertelsmann Stiftung fehlen bis ins Jahr 2025 insgesamt 26 300 Grundschullehrer. Auch Sozialarbeiter, Sozialpädagogen und Handwerker sind gesucht. Die Liste der gefragten Berufe ist lang und die Branchen, in denen Fachkräfte gesucht werden, sind vielfältig. Natürlich hängt der Arbeitsmarkt immer stark von der Wirtschaftslage ab. Wenn die Wirtschaft boomt, werden mehr Fachkräfte benötigt als umgekehrt. Und doch haben die Millennials die besten Aussichten. Der Fachkräftemangel wird sich aufgrund der demografischen Entwicklung in den kommenden Jahren weiter zuspitzen. Im Jahr 2020 sind 30 Prozent der Arbeitnehmer Babyboomer und damit steht jeder dritte sozialversicherungspflichtige Beschäftigte in Deutschland kurz vor der Pensionierung. [24] Die geburtenstarken Jahrgänge der Babyboomer werden sich nach und nach in den Ruhestand verabschieden und eine Lücke in den Arbeitsmarkt reißen. Bis ins Jahr 2035 wird die Bevölkerung im Erwerbsalter voraussichtlich um 4 bis 5 Millionen Menschen sinken. Die Zuwanderung mildert den Effekt zwar ein wenig ab (ohne diese läge die Zahl bei circa 9 Millionen weniger Erwerbstätigen bis 2035), aber die Lücke ist immer noch enorm.[25] Seit 15 Jahren verliert der deutsche Arbeitsmarkt jedes Jahr im Saldo 300 000 Menschen mehr, die altersbedingt in Rente gehen, als junge Menschen nachkommen, weiß der Arbeitsmarktforscher Stefan Sell. Das ist ungefähr die

Größe von Augsburg, Mannheim oder Karlsruhe. Jedes Jahr geht uns eine mittlere Großstadt am Arbeitsmarkt verloren. Der Fachkräftemangel wird noch größere Ausmaße annehmen, als wir uns heute vorstellen können. Auch wenn an dieser Stelle immer wieder die Digitalisierung als das Allheilmittel beschworen wird, reicht diese allein nicht aus. Manche Jobs lassen sich nicht digitalisieren und andere wiederum benötigen bestimmte Qualifikationen als Voraussetzung.

Genau hier liegen die Chancen der jüngeren Generationen. Während die Generation der Babyboomer das Mobiltelefon erfunden hat, sind die Millennials und die Generation Z komplett digital aufgewachsen. Diese Generationen bringen das technische Verständnis per se mit und es fällt ihnen leichter, sich neue Dinge anzueignen. Der Arbeitsmarkt liegt diesen Generationen zu Füßen und der War of Talents ist im vollen Gange. Das bedeutet auch: Niemand muss sich mehr mit einem Job quälen. Wenn du feststellst, das liegt dir nicht, dann suchst du dir einfach etwas anderes. Unstetige Lebensläufe waren früher verpönt – »*wechsle niemals den Job innerhalb von drei Jahren*« war ein in Stein gemeißelter Grundsatz für Karrierewillige. »*Das ruiniert deinen Lebenslauf!*« Heute ist es schon fast Normalität geworden und zeigt, wie flexibel jemand auf die veränderten Umweltbedingungen reagieren kann.

DIE SPITZE DES EISBERGS

Das Leben entwickelt sich ständig weiter. Wenn du heute deinen Traumjob gefunden hast, bedeutet es nicht, dass du diesen für immer und ewig behalten wirst. Dafür ist unsere Zeit zu schnelllebig geworden. Du wirst in der Firma, in der du tätig bist, wahrscheinlich viele andere Möglichkeiten geboten bekommen. Vorausgesetzt, du machst einen guten Job. Das wird sich niemals ändern. Bezahlt wirst du für gute Leistung und diese wird dir überall abverlangt. Wann immer dir jemand eine Geschichte erzählt, wie er Millionär im Schlaf geworden ist, solltest du hellhörig werden. Der Erfolg kommt nicht über Nacht. Er benötigt viel Hingabe und Hartnäckigkeit. Scheitern und Rückschläge gehören dazu. Vor allem braucht es Durchhaltevermögen, die Bereitschaft hart zu arbeiten und dafür manchmal auf andere Dinge zu verzichten.

Auch wenn es sehr verlockend klingt, nur vier Stunden zu arbeiten, so wie es Timothy Ferriss zum Beispiel in seinem Buch *Die 4-Stunden-Woche* anpreist, solltest du solche Modelle kritisch hinterfragen. Hier ist wohl eher der Wunsch der Vater des Gedankens. Ich habe noch nie jemanden in meiner beruflichen Laufbahn getroffen, der mit einer 4-Stunden-Woche erfolgreich geworden ist. Das Modell eignet sich dazu, seine Errungenschaften zu verwalten. Ach übrigens: Timothy Ferriss war lange Zeit absoluter Workaholic mit einer 80-Stunden-Woche. Der Erfolg stellte sich auch bei ihm nicht über Nacht ein.

»Ohne Fleiß kein Preis« ist so altmodisch und aktuell wie nie. Abgeliefert werden muss bei jedem Job. Dafür wird man bezahlt. Die Möglichkeiten, einen super Job zu finden, der einem wirklich voll und ganz liegt, und sich darin zu entfalten, sind größer denn je.

Wenn du dich in einem Job etabliert hast, bringt dir diese Expertise einen entscheidenden Vorteil in der Beziehung zu deinem Chef. Die sorgt dafür, dass sich das Machtgefälle zwischen deinem Vorgesetzten und dir weiter reduziert. Je mehr er dich schätzt, umso mehr braucht er dich und wird Zugeständnisse machen, um dich zu halten. Es sind die besten Voraussetzungen, dir deinen Arbeitsplatz so zu gestalten, wie du ihn brauchst, um optimale Leistung abliefern zu können. Das kann ein höhenverstellbarer Schreibtisch sein, da du ansonsten Rückenschmerzen bekommst. Vielleicht brauchst du erst ab 10 Uhr zur Arbeit erscheinen, weil du kein Morgenmensch bist. Oder du hast eine Vier-Tage-Woche, weil du dich als Ausgleich einen Tag in der Woche ehrenamtlich für sozial benachteiligte Kinder engagierst. Der eine Tag in der Woche wird sich ganz sicher einrichten lassen, wenn man an den restlichen vier Arbeitstagen eine Topleistung von dir erhält.

Wenn du ein entscheidendes Rädchen im System bist, ist es viel einfacher, individuelle Privilegien einzufordern. Jedoch musst du dafür in Vorleistung gehen und dich bis zum Wunsch-Setting vorarbeiten. Die Vertrauensgrundlage zwischen dir und deinem Arbeitgeber muss zu 100 Prozent stimmen, damit du Forderungen stellen kannst. Deine Verlässlichkeit für kontinuierlich gute Leistungen ist die Grundlage für deine Privilegien.

Ich habe den Fall erlebt, dass ein einzelner Mitarbeiter Überstunden aufschreiben durfte, obwohl es dafür in dieser Abteilung keine offizielle Regelung gab. Die gesammelten Stunden wurden dann in extra Urlaubstage umgewandelt und der Mitarbeiter verschwand einmal im Jahr für vier Wochen auf exotische Urlaubsreisen. Allen anderen Mitarbeitern dieser Abteilung war diese Regelung nicht möglich. Sie hatten nicht die kostbare Tauschwährung für die extra Überstunden zu bieten: unangefochtenes Expertenwissen. Über einen Zeitraum von mehreren Jahren hatte dieser Mitarbeiter sich internes Firmenwissen, Branchenkenntnisse sowie fundiertes Fachwissen angeeignet. Er hat seine Fähigkeiten und Qualitäten immer wieder unter Beweis gestellt und seinem Chef sowie seinen Kollegen regelmäßig aus der Patsche geholfen.

Dieses Wissen und seine Fähigkeiten waren für die Firma von hohem Wert, weshalb man wollte, dass dieser Mitarbeiter unbedingt in der Firma und in seinem Job gehalten wurde. Die Frage war, wie man das am besten gestalten konnte. Schnell fand sich eine optimale Win-win-Situation. Der Mitarbeiter gab der Firma jede Menge Überstunden und die Firma gab ihm dafür Zeit zum Reisen in Form von Sonderurlaub zurück. Das war ganz schön clever von diesem Mitarbeiter. Er setzte sein Wissen und seine Fähigkeiten geschickt für seine Zwecke ein und nutzte sie für sich. All die Jahre der Entwicklung zum Experten und die Weiterqualifizierung haben sich ausgezahlt. Anstatt einer Prämie oder Gehaltserhöhung sprang etwas viel Kostbareres für ihn heraus: Zeit, sich die Welt anzuschauen!

Ich möchte nicht, dass du einen falschen Eindruck bekommst. Das Expertenwissen hilft dir, einen besonderen Status innerhalb der Firma zu erlangen und in Krisenzeiten deinen Job zu behalten. Doch hat auch das seine Grenzen. Niemand ist unersetzlich. Das Risiko für Firmen, von einer Person abhängig zu sein, ist viel zu groß. Unternehmen, die solche Situationen zulassen, steuern regelmäßig ins Chaos hinein.

»PROFI-HACK #13«

DEIN CHEF BESTIMMT DEINEN WERT

Egal, wie ausgeprägt dein Expertenwissen ist und wie stark es zum Unternehmenserfolg beiträgt, dein Chef muss deine Genialität erkennen und wertschätzen. Einmal fiel eine leistende Mitarbeiterin meines Teams bei meinem Chef in Ungnade. Ich war noch neu im Unternehmen und hörte mit Erstaunen, dass er sie selbst vor einigen Jahren eingestellt hatte. Mit der Zeit war sie ihm nicht mehr engagiert genug und hatte, seiner Meinung nach, keine Durchsetzungskraft. Zudem fehlte es ihr an kreativen Ideen, ihren Standort wirtschaftlich nach vorn zu bringen. Er hatte sich das eine Weile angeschaut und war der Meinung, eine Trennung von ihr wäre das Beste. Ich beschloss, mir ein eigenes Bild von der Situation zu machen. Das Problem war nicht über Nacht entstanden, sondern hatte sich über die Jahre dahin entwickelt. Also musste mit Bedacht gehandelt werden. Schnell stellte ich fest, dass die Mitarbeiterin wirklich am Limit war. Sie schilderte mir ihre Situation und bestätigte, dass sie sich nur schwer durchsetzen konnte. Sie brauchte die Unterstützung des Betriebsleiters, der ihre Anliegen nicht ernst nahm. Die wirtschaftliche Lage spitzte sich immer weiter zu. In der Tat war meine Mitarbeiterin nicht die ideale Besetzung für diese Krise. Ich erkannte mich selbst ein wenig wieder, als ich noch am Anfang meiner beruflichen Laufbahn stand, und konnte mich gut in ihre Lage versetzen. Fachlich war sie ausgezeichnet, als Führungskraft fehlte der Biss. Mit ihrem Einverständnis griff ich ihr unter die Arme und begann, sie regelmäßig zu coachen. Es war erstaunlich zu sehen, welche Transformation sie durchlief und wie sie aufblühte. Ihr Selbstbewusstsein kam zurück und sie schaffte es nach und nach, sich gegenüber dem Betriebsleiter zu behaupten. Ein wirtschaftlicher Totalschaden konnte dank ihrer Unterstützung für den Standort abgewendet werden. Ende gut, alles gut. Diese Geschichte hätte für die Mitarbeiterin auch anders ausgehen können. Es kommt ganz und gar darauf an, wie wertvoll du für deinen Chef bist. In die Personalangelegenheiten deines Chefs wird sich sein Vorgesetzter nicht einmischen. Du hast die Verantwortung für dein Team und gleichzeitig ist es deine Aufgabe, ihm deinen Wert immer und immer wieder zu zeigen, indem du deine Expertise nicht nur unter Beweis stellst, sondern auch mit deinen Erfolgen trommelst.

14. SEI NICHTS BESONDERES!

Es ist 21 Uhr und ich sitze immer noch im Büro. Die Kollegen sind schon seit Stunden zu Hause. Das Gebäude ist leer. Außer mir ist niemand mehr anwesend. Als ich zwei Stunden später gehen will, stelle ich mit Schrecken fest, dass ich eingeschlossen wurde. Mein Büroschlüssel liegt im Auto, das vor dem Gebäude parkt. Einen Sicherheitsdienst gibt es noch nicht. Die Firma ist gerade erst umgezogen. Meine Kollegen wohnen alle mindestens eine halbe Stunde entfernt und es ist schon spät. Vielleicht schlafen sie schon. Ich brauche eine Alternative. Mein Büro liegt in der zweiten Etage und es gibt einen Balkon. Das Licht an der Stelle ist ausreichend, um genug zu sehen. Ich könnte versuchen, mich von oben herunterzulassen. Wenn es schiefgeht und ich falle, breche ich mir sicher etwas, werde aber mit höchster Wahrscheinlichkeit nicht sterben. Da ich sportlich bin und keine Höhenangst habe, beschließe ich, es zu riskieren. Das einzige Hilfsmittel, das ich finden kann, ist mein eigener Schal. Ihn befestige ich am Balkongeländer und halte mich daran fest, während ich langsam und konzentriert herunterklettere. Und als ich da so hänge, schießt mir durch den Kopf, wie bekloppt ich bin. Was zur Hölle mache ich hier? Wenn mich jemand sieht, ruft er vielleicht noch die Polizei, weil er denkt, ich bin ein Einbrecher ... Zu spät. Es gibt kein Zurück mehr. Ich schaffe es schließlich unversehrt und bin erleichtert, mir nichts getan zu haben. Im Auto auf dem Weg nach Hause grübele ich: Wieso bin es immer ich, die so lange im Büro sitzt? Mein Job macht mir Spaß, aber ich habe kaum ein Privatleben. In der Stadt, in der ich arbeite, kenne ich niemanden, da ich zwei Drittel meiner Zeit um die Welt reise. Meine Mitarbeiter sind über ganz Europa verteilt und ich kenne mittlerweile so ziemlich jeden Flughafen dieses Kontinents. Ich habe einen verantwortungsvollen Job, verdiene überdurchschnittlich viel Geld, fahre einen schicken BMW mit allen erdenklichen Extras und müsste megaglücklich mit meiner Situation sein. Und doch fühle ich mich gerade sehr einsam. Die eben erlebte Situation zeigt mir ganz deutlich: Wenn mir etwas passiert wäre, hätte das niemanden in meiner Firma interessiert. Die Beziehung zu meinen Mitarbeitern und Kollegen war eher angestrengt. Das Verhältnis zu meinem Chef würde ich als freundlich, aber problematisch bezeichnen. Er war schon Stunden zuvor gegangen, obwohl er wusste, wie viel zu tun ist und er mir hätte helfen können. An diesem Abend standen allerdings Tanzstunden mit seiner Frau auf dem Programm. Während ich also an meinem Schal die Regenrinne runterkletterte, tanzte mein Chef Tango. Das fühlte sich verdammt nochmal nicht richtig an. In dem Moment wünschte ich mir, ich wäre jemand anderes. Nicht die kluge, fleißige und talentierte Madeleine, die das Kind immer schaukelt. Nein, ich wünschte mir, ich wäre Mittelmaß und hätte einen ganz regulären Nine-to-five-Job, mit einem durchschnittlichen Maß an Verantwortung.

Dann würde ich durchschnittliche Arbeitsergebnisse liefern und die zusätzlichen Aufgaben würden bei den immer gleichen Überflieger-Kollegen landen, aber eben nicht mehr bei mir. Ich hätte Zeit, mit meinem ganz durchschnittlichen Partner zu einem ganz normalen Tanzkurs zu gehen, während sich die bemerkenswert erstklassigen Kollegen die Nächte im Büro um die Ohren schlagen. Ich hatte mein Leben lang diese Vorstellung von Mittelmaß abgelehnt und nach Höherem gestrebt. Jetzt wünschte ich mir sehnlichst, mittelmäßig zu sein.

Mittelmäßigkeit war etwas, wozu ich nie erzogen wurde. In der Schule hieß es: Streng dich an, bring gute Noten mit nach Hause, sonst wird nichts aus dir. Meine Eltern drohten meinen Brüdern sogar damit, dass sie es nicht weiter als bis zum Straßenfeger bringen würden, wenn das mit dem Schulabschluss nicht klappte. Die Drohgebärde wirkte auch bei mir. Die Grundschule meisterte ich mit links. Es machte mir Spaß und ich lernte gern. Als einziges von drei Kindern schaffte ich das Abitur. Dann studierte ich fleißig BWL, engagierte mich ehrenamtlich in der Fachschaft, machte so viele Praktika wie möglich, verbrachte ein Auslandssemester in den USA und legte schlussendlich mein Diplom mit Auszeichnung hin. Den Einstieg ins Berufsleben fand ich mühelos und nach einigen Jahren hätte meine berufliche Laufbahn nicht besser aussehen können. Ich war eine Senkrechtstarterin, und wurde von Headhuntern umworben. Mit Anfang 30 schaffte ich es in einem US-Konzern in eine leitende Funktion. Ich wollte alles, nur nicht gewöhnlich sein. Deshalb arbeitete ich unerlässlich an meiner beruflichen Zukunft. Doch an diesem Abend fühlte es sich an wie ein Hamsterrad, das nur von innen wie eine Karriereleiter aussah. Mir kam die Frage nach dem Sinn. Wurde das Streben nach »Höher – Weiter – Schneller« vielleicht über- und das Mittelmaß unterschätzt? Im Duden steht unter Mittelmaß »Gebrauch: oft abwertend«. Komisch, ist es doch der Durchschnitt der Bevölkerung. Lehnt sich die Mehrheit also selbst ab? Warum will niemand mittelmäßig sein?

MITTELMASS ALS RUHEZONE

Wer im Fluss der Mittelmäßigkeit schwimmt, wird nicht gesehen. Man ist einer von vielen und damit bedeutungslos. Bedeutungslos ist nah dran an unsichtbar. Nichts von der Mittelmäßigkeit bleibt den Mitmenschen in Erinnerung. Kein Name, kein Gesicht, keine Erlebnisse. Klingt nicht gerade wünschenswert, oder? Aus diesem Grund streben wir alle nach Bedeutung. Wir wollen keine Nummer im System, sondern besonders sein. Auf dieser Hoffnung basieren Fernsehsendungen mit den ewig gleichen Casting-Shows. Und sonst gäbe es den Beruf der Influencer auch nicht. Nur einmal ins Fernsehen kommen und raus aus der Bedeutungslosigkeit. Einmal jemand sein. Egal, ob im echten Leben oder virtuell.

»Gleichgültigkeit ist die Rache, die die Welt an den Mittelmäßigen nimmt«, wusste schon Oscar Wilde. Wer sich nicht vom Durchschnitt abhebt, bleibt unbeachtet. Leider ist es sehr anstrengend, immer überdurchschnittlich abzuliefern. Gerade im Job zahlt es sich nicht unbedingt aus. Es ist ein offenes Geheimnis, dass die besten Talente mehr belastet werden als der Rest des Teams. Wer gut ist, seine Aufgaben erfüllt und Deadlines einhält, bekommt (zum Dank) noch mehr Arbeit. Gute Arbeit wird mit noch mehr Arbeit bestraft. Das hält niemand auf Dauer aus. So brennen die kompetentesten Mitarbeiter im Team irgendwann aus oder kündigen.

Und doch gibt es sie, die Kollegen, die die Vorteile der Mittelmäßigkeit für sich entdeckt haben und diese geschickt einsetzen. Ohne große Kraftanstrengung schwimmen sie im Strom der Gleichförmigkeit mit. Ziele übererfüllen käme ihnen nie in den Sinn. Sie wissen, dass sie dann im kommenden Jahr noch mehr leisten müssten, da immer noch eine Extraschippe obendrauf gepackt wird. Auch Schulungen sind potenzielle Gefahrenträger für zusätzliche Arbeit. Plötzlich ist man der einzige Experte, der das eine IT-System beherrscht, und wird für die Kollegen zum wandelnden Lexikon und zur Support-Hotline.

Besser ist es, immer ein gutes Stück unter den eigenen Möglichkeiten zu bleiben, wer weiß, was noch kommt. Immer angenehm angepasst und nie aus der Reihe tanzend. Die Normalo-Kollegen haben nur einen Wunsch: bloß nicht auffallen und nicht zu den Low-Performern abrutschen. Dann ist man beim Chef immer schön unter dem Radar und er lässt einen in Ruhe. Auch der Umgang mit den Kollegen wird im Mittelmaß besser. So zieht man keinen Neid und keine Missgunst auf sich. Man wird weniger angegriffen und hat ein leichteres Auskommen mit seinen Mitmenschen. Normale Mitarbeiter verändern nicht die Welt, aber sie sind die Kollegen, mit denen man am besten auskommt. Die Menschen, die man lieber heiratet, mit denen man länger zusammenbleibt, denen man eher vertraut. Vielleicht sind es sogar die besseren Führungskräfte, weil sie näher an der Basis sind oder es niemandem beweisen wollen.

Auf jeden Fall sind sie die Säulen jedes Unternehmens, da sie per Definition die Mehrzahl der Mitarbeiter darstellen. Sie sind nicht unbedingt die Treiber von Innovationen oder neuen Erfindungen, dafür sind sie beständige und kontinuierliche Leistungsträger. Das wird oft vergessen. Die meisten Jobs erfordern keine Genies. Es ist kein überdurchschnittlicher IQ gefragt, sondern gewöhnliche Fähigkeiten. So etwas wie Fleiß, Durchhaltevermögen, Teamfähigkeit oder Flexibilität. Ein Mangel an Talent lässt sich durch Fleiß sogar kompensieren. Das Mittelmaß ist viel besser als sein Ruf.

NORMALITÄT AUSHALTEN

Es braucht dennoch einiges an Stärke, dem gesellschaftlichen Druck standzuhalten und die eigene Durchschnittlichkeit anzunehmen. Die Medien sind voll von Erfolgsstorys der Selfmade-Millionäre mit Anfang 20, die mit ihrem frisch erworbenen Führerschein dicke Luxuskarren fahren, ihre Rolex-Uhr zur Schau stellen, während sie mit ihren Modell-Freundinnen die wildesten Partys

»Des Glückes Tod ist der Vergleich!«

auf Ibiza feiern und auf ihren Dienstreisen nach Dubai nur in Fünf-Sterne-Hotels übernachten. Alles andere wäre nicht mehr standesgemäß. Ganz selbstlos teilen sie ihre kometenhaften Erfolgsgeschichten in den Sozialen Medien, damit jeder ihrer Follower ihnen nacheifern kann. Die Botschaft ist immer dieselbe: Ich habe es geschafft, also kannst du es auch.

Die eigene Realität erscheint im Vergleich dazu fast schon erbärmlich gewöhnlich. Man selbst konnte mit vier noch nicht lesen und rechnen, hat nicht mit zehn Jahren schon angefangen zu programmieren und hatte mit 14 noch keine IT-Firma gegründet. Die eigene Kindheit war total normal, im Vergleich zu all den hippen Überfliegern.

Kein Wunder, dass die Anzahl an Depressionen in den letzten Jahren dramatisch angestiegen ist. Des Glückes Tod ist der Vergleich. Egal wie gut es uns im Augenblick geht, sobald wir anfangen, uns zu vergleichen, ist die gute Stimmung in Gefahr.

Das Fatale am Vergleich ist, dass wir uns mit denen vergleichen, die besser sind als wir. Niemand vergleicht sich nach unten, alle vergleichen sich immer nach oben. Ist doch klar, dass das unglücklich macht. Das ist absolut nicht förderlich für das eigene Selbstwertgefühl. Es macht uns selbst und unsere Errungenschaften kleiner, als sie sind und vermittelt uns: Egal, wie sehr du dich anstrengst, es ist nie genug. Es wird immer jemanden geben, der mehr Geld verdient, coolere Freunde hat oder schickere Klamotten trägt. Das kann frustrierend sein. Es sei denn, man ist mit sich selbst im Reinen und braucht die Anerkennung von außen nicht wie die Luft zum Atmen. Das ist die Voraussetzung, um die eigene Normalität auszuhalten. Psychologen sagen sogar, dass die Mittelschlauen im Berufsleben ausgeglichener und gelassener sind. Schon in der Schule hatten sie mit Niederlagen und Problemen zu kämpfen, weshalb sie oft im Beruf besser mit gescheiterten Projekten oder misslungenen Bewerbungen umgehen. Eine erfolgreiche und erfüllte Karriere schließt Mittelmäßigkeit absolut nicht aus. Manchmal braucht es einen etwas längeren Atem und Beharrlichkeit. Hier ein paar sehr prominente Beispiele:

- **WINSTON CHURCHILL** blieb in der sechsten Klasse sitzen und wurde erst im Alter von 62 Jahren Premierminister von England. Da lag bereits ein Leben voller Niederlagen und Rückschläge hinter ihm. Seine größten Beiträge leistete er im hohen Alter.
- **THOMAS EDISONS** Lehrer sagten, er wäre zu dumm, um irgendetwas zu lernen.
- **CHARLES DARWIN** schrieb in seiner Autobiografie: »Ich wurde von all meinen Lehrern und von meinem Vater als ein sehr gewöhnlicher Junge mit unterdurchschnittlicher Intelligenz angesehen.«

Eine britische Studie kommt sogar zu dem Schluss, dass ein Drittel (32 Prozent) der Topmilliardäre der Welt überhaupt keinen akademischen Abschluss hat. Unter ihnen finden sich Namen wie Bill Gates, Mark Zuckerberg, Richard Branson oder Steven Spielberg. Die Liste könnte man beliebig fortführen. Eines wird deutlich: Die Mittelmäßigkeit liegt immer im Auge des Betrachters.

»PROFI-HACK #14«

GÖNN DEINEM RAKETENANTRIEB EINE PAUSE

Es gibt Phasen im Leben, da liegt der Fokus für eine Weile nicht so sehr auf dem Job, sondern im Privatleben. Vielleicht hat man gerade Familienzuwachs bekommen, ein Haus gebaut oder kümmert sich um einen schwer erkrankten Angehörigen. In solchen Phasen kann eine Pause vom Karrierestreben für einen guten Ausgleich sorgen. Es zeugt von Reife und Gelassenheit, wenn man den Drang nach Aufmerksamkeit bewusst stoppen kann und sich die Tarnkappe der Mittelmäßigkeit im Job aufsetzt. Den Raketenantrieb kann man einige Monate später wieder zünden. So bewahrst du dich vor einem möglichen Burn-out und triffst eine bewusste Entscheidung für deine Gesundheit.

15. NICHT REDEN, MACHEN!

In meiner beruflichen Praxis erlebe ich ein Phänomen immer wieder: Die Leute reden viel, was man tun müsste und wie sich die Dinge verändern lassen könnten, aber kaum jemand handelt. Die Menschen haben tolle Ideen, setzen sie jedoch nicht um. Ich würde sagen, in 80 Prozent der Fälle bleibt es bei der Theorie. Diese wird zwar ausführlich überdacht und bis ins Detail ausgeplant, aber nie ist der Plan gut genug. Der Zeitpunkt, um anzufangen, ist immer ungünstig. Am Konzept wird jahrelang gefeilt und der perfekte Zeitpunkt will einfach nicht kommen.

Was die Menschen an der Umsetzung hindert, sind ihre eigenen Zweifel und Ängste.

- Angst davor, nicht gut genug zu sein,
- Angst davor, nicht genug zu wissen,
- Angst davor, etwas zu verpassen,
- Angst davor, zu scheitern.

Was ist, wenn ich es nicht schaffe? Habe ich überhaupt die notwendigen Skills dafür? Sollte ich nicht noch eine Schulung besuchen? Ist es die richtige Entscheidung? Deine Zweifel und Ängste sorgen für Stillstand (siehe Kapitel 6) und verhindern die Umsetzung von neuen Ideen. Das wiederum ist deinem beruflichen Vorankommen nicht förderlich.

Als ich mich selbstständig machte, hatte ich eine Anfrage für ein IT-Projekt, für das besondere Fähigkeiten notwendig waren. Diese Fähigkeiten hatte ich viele Male bei Kollegen gesehen und beobachtet, selbst aber noch nie angewendet. Mein potenzieller Kunde signalisierte mir, dass dies eine Grundvoraussetzung für das Mandat sein würde. Als ich gefragt wurde, wie es mit meiner Erfahrung diesbezüglich aussähe, antwortete ich ehrlich: »Ich bin kein Profi darin, aber ich werde mich schnell einarbeiten. Ich bringe das Grundlagenwissen mit.«

Der Kunde war mit der Antwort zufrieden und ich bekam den Auftrag. Bevor ich das Mandat begann, bildete ich mich im Thema fort und benötigte im Projekt nur noch wenige Tage, um das Thema ganz zu durchdringen. Die Arbeit mit diesem Kunden bereitete mir großen Spaß und es entstand eine langjährige Zusammenarbeit. Das alles gelang mir, weil ich meine Zweifel über Bord geworfen hatte: meine Angst, den Kunden zu enttäuschen, nicht gut genug für den Auftrag zu sein und den Auftrag zu vermasseln. Ich vertraute stattdessen in meine langjährige Erfahrung und meine schnelle Auffassungsgabe. Vielleicht hilft dir mein Beispiel zu sehen, wie leicht man von der Angst ins Vertrauen und von dort in die Umsetzung gelangen kann.

KEINE UMSETZUNG OHNE PLAN

Das ist es, was dein Chef von dir verlangt. Er will Ergebnisse sehen und es ist eine deiner wichtigsten Aufgaben, Resultate abzuliefern. Du bist gezwungen, in die Umsetzung zu kommen und abzuliefern, auch die Projekte und Aufgaben, die auf den ersten Blick wie ein unbezwingbarer Berg erscheinen. Um den Gipfel zu erklimmen, brauchst du wichtige Strategien. So eine Bergbesteigung verlangt Planung und Ausdauer.

Du benötigst eine Strategie für die erfolgreiche Umsetzung.

1. **THINKING:** Um deine Idee an den Mann zu bringen, benötigst du eine grobe Planung. Die Details sind hier noch nicht gefragt. Erst mal geht es darum, eine ungefähre Vorstellung zu haben, wie du das Projekt umsetzen kannst.

- Was ist das Ziel/die Problemstellung?
- Warum nimmst du dich des Themas an?
- Wie willst du dahin kommen?
- Was sind die größten Hindernisse?
- Woran merkst du, ob dein Projekt erfolgreich war?

Das alles sind Punkte, die du für dich klären solltest, und zwar nicht im stillen Kämmerlein. Hol dir Rat von deinem Team oder vertrauensvollen Kollegen. Dann siehst du, ob diese auch von der Idee begeistert sind, und welche Widerstände sich eventuell auftun. Hör dir diese an, lass dich davon aber nicht entmutigen. Einwände und Bedenken sind in anfänglichen Projektphasen normal. Nicht jeder teilt die gleiche Begeisterung für dein Thema wie du.

2. **SELLING:** Nachdem du ein Grobkonzept zusammengestellt hast, verkaufst du die Idee deinem Chef. Er ist der wichtigste Faktor und sein Eigeninteresse ist für deinen Erfolg entscheidend. Wenn er mit diesem Projekt glänzen kann, wird es bei ihm einen größeren Stellenwert bekommen als ein Projekt, das gemacht werden muss, weil eine gesetzliche Anforderung es so will. Du musst deinen Chef für dein Thema gewinnen und ihm erläutern, welche Vorteile dies für ihn hätte. Frei nach dem Motto: »Whats in for me?« Wenn du den Chef für dein Projekt begeistern konntest, ist das die halbe Miete. Von ihm bekommst du das Budget und die Rückendeckung. Er wird dich unterstützen und im Idealfall durch Projektphasen tragen, in denen es nicht so gut läuft. Wenn dein Chef nicht überzeugt ist, musst du zu Punkt 1 zurückgehen und das Konzept nachbessern. Oder du suchst dir einen anderen Sponsor im Unternehmen. Das ist möglich, aber er sollte vom Rang höhergestellt sein als dein Chef. Sonst kommt es zu Machtkonflikten, die das Projekt schneller sterben lassen als alles andere.

3. **PLANNING:** Wenn du das Signal für die Umsetzung erhalten hast, geht es in die Planung aller Einzelheiten.
Definiere das Ziel klar und detailliert und breche es dann in Teilziele herunter. Nutze hierfür zum Beispiel die SMART-Methode. SMART steht dabei für: **S**pezifisch, **M**essbar, **A**ngemessen, **R**ealistisch und **T**erminiert. Sie wird für die Festlegung von Zielvereinbarungen genutzt und ist in der Definition von Projektzielen hilfreich.
Die Klärung von Verantwortlichkeiten gehört ebenso zur Detailplanung dazu. Schließlich wirst du das Projekt in den seltensten Fällen allein umsetzen. Du brauchst sicher Input von anderen Abteilungen. Diese müssen informiert sein und abgeholt werden. Du benötigst für dein Projekt zudem noch Budget und Ressourcen. Auch das gehört berücksichtigt.
Wenn du noch neu im Erstellen von Projektplänen bist, lass dir von einem erfahrenen Projektmanager helfen.
4. **APPROVAL:** So richtig loslegen kannst du erst, wenn du die Freigabe für dein Projekt erhalten hast. Diese sollte von deinem Chef kommen, auch wenn der Projektsponsor ein anderer ist. Ohne die Zustimmung deines Chefs anzufangen, ist nicht unmöglich, aber wesentlich risikoreicher. (Siehe dazu Profi-Hack #17: Sei der Wolf im Schafspelz). Einfacher wird es mit der Zustimmung und Unterstützung deines Vorgesetzten.
5. **COMMITMENT:** Um in die Umsetzung zu kommen, ist es wie mit guten Vorsätzen. Wenn du diese ankündigst und anderen davon erzählst, erzeugt das einen Erfolgsdruck. Wenn du zum Beispiel mit dem Rauchen aufhörst und allen Kollegen davon erzählst, wird dich kaum jemand mehr fragen, ob du mit in die Raucherpause kommst. Es wird dir niemand eine Zigarette anbieten. Man würde dich ansprechen, wenn dich jemand rauchen sieht. Die öffentliche Kommunikation deines Vorha-

bens erzeugt sozialen Druck und kann zum Erfolg der Maßnahme einen wesentlichen Beitrag leisten. Genau das solltest du bei dem Projekt machen. Verkünde den geplanten Starttermin und das anvisierte Enddatum (wenn du das bereits kennst). Wenn du Meilensteine kennst, dann erzähle davon. Das macht es für die Mitarbeiter und Kollegen greifbarer und sie fühlen sich mitgenommen. Dich wiederum setzt es unter Druck, liefern zu müssen.

6. **DOING:** Um aktiv zu werden, empfiehlt es sich, in kleinen Schritten voranzugehen. Du hast den Plan in Teilziele heruntergebrochen, Meilensteine gesetzt und musst nun den ersten Schritt machen. Vielleicht ist der erste Schritt, ein Kickoff vorzubereiten? Wunderbar. Dann schreibe dir für dieses konkrete Aufgabenpaket die einzelnen Schritte auf:
   - Teilnehmer identifizieren
   - Agenda zusammenstellen und abstimmen
   - Gemeinsamen Termin finden
   - Raum und Bewirtung buchen
   - Einladung versenden

   So oder ähnlich könnte das dann ganz konkret aussehen. Nimm dir dafür jeden Tag ein bis zwei Stunden Zeit und treibe diese Themen Stück für Stück voran. Nach dem ersten Aufgabenpaket kommt das zweite. Und so weiter.

»Substance over Form«

WAS DEINE UMSETZUNG BOYKOTTIERT

Die Zeit ist ein kritischer Faktor. Vom Grobkonzept bis zum ersten Verkaufen deiner Idee solltest du nicht zu lange warten. Dann verlierst du das Momentum und bist versucht, an deinem Konzept weiter zu feilen, bis es »fertig« ist. Das wird es allerdings nie sein. Jedes Konzept entwickelt sich weiter und »lebt« gewissermaßen.

Es ist nicht ratsam, planlos zu starten, nur um das Gefühl zu bekommen, dass es vorangeht. Das kann kontraproduktiv sein und sogar Ideen zum Scheitern bringen. Purer Aktionismus zahlt sich nie aus, sondern endet im Chaos. Ein wenig Planung ist gut.

Perfektionismus steht der Umsetzung im Weg. Wenn ich immer alles ganz genau machen möchte, verliere ich viel Zeit. Im Zweifel scheitere ich an meinen hohen Ansprüchen. Es interessiert niemanden, ob sich ein paar Rechtschreibfehler in eine Präsentation eingeschlichen haben oder alle aufgeführten Zahlen die gleiche Anzahl an Nachkommastellen haben.

Es kommt auf den Inhalt und die Aussagekraft an. Die Sorte Führungskräfte, die sich nie zum Inhalt, aber immer zur Schriftgröße und Farbgestaltung äußern, sind (Gott sei Dank) eine aussterbende Spezies.

Auch Prokrastination (auch Aufschieberitis genannt) ist ein verbreitetes Phänomen. Erst noch schnell die E-Mails checken, danach einen Kaffee trinken und den Schreibtisch aufräumen, bevor man sich endlich an diese eine unbeliebte Aufgabe macht. Die Ablenkungsmöglichkeiten sind endlos. So gehen die Tage ins Land und die Umsetzung rückt in weite Ferne. Das beste Mittel gegen unliebsame Pflichten: Diese als allerersten zu erledigen und sich voll und ganz auf diese eine Aufgabe zu fokussieren (siehe Kapitel 2: Fokus, Fokus, Fokus). Meist fragt man sich hinterher, was so schlimm daran war, oder ist überrascht, wie schnell es ging.

»PROFI-HACK #15«

LASS DEINE ERGEBNISSE SPRECHEN

»Persönlichkeiten werden nicht durch schöne Reden geformt, sondern durch Arbeit und eigene Leistung«, wusste schon Albert Einstein.

Ergebnisse sprechen oft genug für sich. Mit guten Resultaten überzeugst du selbst die größten Kritiker. Worte dagegen nutzen sich ab und sind wie Schall und Rauch. Für das Verhältnis mit deinem Chef gilt das umso mehr. Du verlierst deine Glaubwürdigkeit, wenn du bei ihm nur über Projekte philosophierst, dich für Aufgaben anbietest, dann aber nicht lieferst oder Versprechungen machst, die nicht eingehalten werden. Dann nimmt dein Chef dich auf den Kieker und fängt an, dich zu kontrollieren. Wenn du dagegen deinen Worten Taten folgen lässt und konsequent Ergebnisse lieferst, wirst du eine sichere Bank für deinen Chef und er wird dich weitestgehend in Ruhe lassen.

16. LIEFERE EINE GUTE SHOW

Die Vermarktung deiner erzielten Ergebnisse ist von enormer Bedeutung. Es wäre doch wirklich sehr bedauerlich, wenn nur ein kleiner Kreis davon erfährt, wie gut du bist. Nutze die Erfolge, um aufzufallen und herauszustechen. Vor allem und zuallererst (du ahnst es vielleicht schon) muss dein Chef erfahren, zu welchen Leistungen du im Stande bist. Laut schlägt leise in der Selbstvermarktung und Zurückhaltung ist hier fehl am Platz. Gute Leistung spricht immer für sich, hat allerdings seine Grenzen. Mit ordentlicher Vermarktung deiner erbrachten Leistung ist der Effekt um einiges größer. Wusstest du, dass dein Gehirn das Unbekannte grundsätzlich ablehnt und ihm keinen Nutzen attestiert? In dem Moment, in dem es einen kompetenten und einen bekannten Mitarbeiter gibt, wird in der Regel der bekannte vorgezogen. Kompetenz ist zwar eine Grundvoraussetzung für die Selbstvermarktung, aber Sichtbarkeit schlägt Kompetenz und zwar um Längen. Selbstvermarktung ist zudem keine Talent-Show. Wenn du darauf wartest, »entdeckt« zu werden, kann es passieren, dass du alt und grau wirst und ein Leben lang wartest. Talent allein reicht nicht aus. Du musst auch zur richtigen Zeit am richtigen Ort sein oder die richtigen Kontakte haben. Der Job der Führungskraft ist keine Casting-Show und es ist vergeudete Zeit darauf zu warten, bis ein Talent-Scout vorbeikommt und dich für die Bühne des Lebens entdeckt. Du musst dein Talent und Können selbst vermarkten, damit die richtigen Personen wissen, wie gut du bist.

DAS 1×1 DER SELBSTVERMARKTUNG

Das Hinderlichste am Selbstmarketing sind die eigenen negativen Glaubenssätze. Es sind Sätze, an die du glaubst und die dein Handeln beeinflussen, die aber nichts mit der Realität zu tun haben. Es sind keine Tatsachen, sondern erlernte oder in der Kindheit anerzogene Überzeugungen. Unser Umfeld beeinflusst, wie wir uns selbst sehen. Wenn Freunde und Kollegen immer wieder sagen »Das kannst du nicht«, werden wir das irgendwann tatsächlich glauben und als negativen Glaubenssatz verinnerlichen.

Machen wir einen Test. Versetze dich gedanklich in die Situation, dass du ab heute mit der Vermarktung deiner Person und deiner Erfolge startest. Stell es dir bildlich vor und beobachte, welche Gedanken dir durch den Kopf schießen. Waren einige der folgenden dabei?

- ☐ »Meine Leistung soll für sich sprechen und überzeugen.«
- ☐ »Ich will mich nicht anbiedern.«
- ☐ »Meine Leistungen sind nichts Besonderes.«
- ☐ »Ich will mich nicht in den Vordergrund drängen.«
- ☐ »Ich will kein Angeber sein.«
- ☐ »Ich will mich nicht unbeliebt machen.«
- ☐ »Jemand anderes hätte das besser gemacht als ich!«
- ☐ »Das war nur Glück.«
- ☐ »Ich will mich nicht aufspielen.«
- ☐ »Den Erfolg habe ich nicht verdient!«
- ☐ »Dafür werde ich doch bezahlt.«

Und? Wie viele der Glaubenssätze hast du mit Ja beantwortet? Je mehr, desto ungünstiger wirkt es sich auf deine Fähigkeit zur Selbstvermarktung aus. Die fehlenden Fähigkeiten zur Selbstvermarktung versperren dir den Weg zum Erfolg. Zur Überwindung solcher Glaubenssätze hilft es, eine Erfolgsliste zu führen. In diese Liste trägst du täglich deine erzielten Erfolge ein. Wann immer du das Gefühl hast, nicht wirklich Großartiges erreicht zu haben, nimmst du dir diese Liste vor und liest sie dir in Ruhe durch. Hier steht schwarz auf weiß, was du geleistet hast, und das hilft, deine dich klein machenden Glaubenssätze zu überwinden.

Wenn du den ersten Punkt angekreuzt hast, habe ich noch ein kleines Quiz für dich. Was meinst du, wie viel Prozent deiner Leistung und Kompetenz deinen beruflichen Erfolg beeinflussen?

- ☐ 80 Prozent
- ☐ 50 Prozent
- ☐ 20 Prozent

Man könnte meinen, dass 80 Prozent die korrekte Antwort wäre. Schließlich bekommen wir das in der Schule vermittelt: Gute Leistung zahlt sich durch gute Noten aus. Die Fleißigen werden belohnt und die Faulen bestraft. Ebenso später in der Ausbildung und im Studium. Dort wird dein Wissen in Tests abgefragt und es wird suggeriert, dass es im Arbeitsleben auf dieses Wissen und Können ankommt. Ich habe BWL studiert und würde sagen 80 Prozent des dort erworbenen Wissens habe ich nie in der Praxis angewendet. Dagegen musste ich feststellen, dass ich vom Thema Selbstmarketing keine Ahnung hatte. Leider gab es während meines Studiums keinen Kurs zum Thema Kommunikation oder Selbstmarketing. Dieses Wissen eignete ich mir nach meinem Studium selbst an. Nachdem ich gelesen (und gespürt) hatte, dass nur etwa 20 Prozent meines Erfolges von meiner eigenen Leistung und meiner Kompetenz abhängen würden (die dritte Option ist also richtig), besuchte ich einen Wochenendkurs zum Thema und lernte die Grundlagen der Selbstvermarktung.

CIO
HEADHUNTER
Kunden
Hidden Advisors
Ex-Kollegen
Mitarbeiter
Geschäftsführer
CHEF
CFO
Kollegen

FINDE DEINE BÜHNE

Wenn 80 Prozent deines Erfolges von deinem Image und deiner Bekanntheit bestimmt werden, bleibt die Frage, wie man diese aufbaut?

Du musst zuallererst an deiner Sichtbarkeit im Unternehmen arbeiten. Wenn dich niemand kennt, kannst du auch niemandem erzählen, wie gut du bist. Du musst dich mit den für dich wichtigsten Leuten im Unternehmen vernetzen und Zeit mit ihnen verbringen. Das ist der für dich wichtigste Personenkreis im Unternehmen.

Die Rolle deines Chefs ist wieder die wichtigste von allen. Versuche, so viel Zeit wie möglich mit deinem Chef zu verbringen, und berichte ihm von deinen tollen, innovativen und großartigen Erfolgen und Ideen. Deine Mitarbeiter kommen direkt an nächster Stelle. Du solltest den Puls deiner Abteilung fühlen können und die Stimmung im Blick haben. Auch wenn du es nie allen Mitarbeitern recht machen kannst, solltest du bestrebt sein, dass der Großteil gut über dich als Chef spricht, ebenso wie deine Kollegen und deine wichtigsten Kunden. Diese musst du im Blick haben und dich um sie kümmern, damit du sie zu deinen Fans machst. Das sind die Abteilungen und Mitarbeiter, die du mit deiner Arbeit belieferst oder denen du zuarbeitest. Hier wird deine Leistung beurteilt und bewertet. Leider verhält es sich bei diesen Beziehungen meist so, dass diese eher schlechte Leistungen an deinen Chef kommunizieren als gute. Einwandfreie Leistung wird vorausgesetzt, über schlechte Qualität beschwert man sich. Meiner Erfahrung nach mokiert sich jedoch kaum jemand über schlechte Leistung, wenn er eine gute Beziehung zu diesem Kollegen hat. Schließlich will man kein Kollegenschwein sein.

Dann gibt es da noch Kollegen, die sich mehr im Hintergrund halten und die du nicht wirklich auf dem Radar hast. Sie sind meist schwer zu identifizieren, haben aber aufgrund ihrer Verbindungen Einfluss im Unternehmen. Sie werden auch »Hidden Advisors« genannt. Personen, die also dem Geschäftsführer oder deinem Chef Ratschläge und damit wichtigen Entscheidungen Gewicht geben. Mache diese wichtigen Kollegen ausfindig und komme in Kontakt mit ihnen. Verabrede dich zum Mittagessen, triff dich auf einen Kaffee oder auf ein Schwätzchen zwischendurch. Vernachlässige nicht die Kommunikation zu deinen Ex-Kollegen außerhalb deiner Firma. Diese sollten gut darüber informiert sein, wo du gerade stehst und was du Großartiges geleistet hast. Das kann dir bei einer späteren Jobsuche behilflich sein. Genauso wie die Kontakte zu Headhuntern und Job-Vermittlern. Es ist schwierig, die Spreu vom Weizen zu trennen, wenn es erst einmal darauf ankommt. Besser es existiert schon ein wenig Vorarbeit und du hast verlässliche Kontakte.

VERPACKE DEINE BOTSCHAFT

Wie geht das nun mit dem Selbstmarketing? Schließlich kann man nicht plump ins Büro der Kollegen gehen und sagen: »Hey, hör mal zu. Ich bin hier der tollste Hecht im Karpfenteich, wusstest du das schon?«

Um dich gut zu verkaufen, solltest du unter gar keinen Umständen mit der Tür ins Haus fallen und direkt anfangen, von dir zu sprechen. Das wäre unhöflich und ist für die Wahrnehmung des

Gespräches kontraproduktiv. Je höher der eigene Redeanteil ist, desto positiver bewerten wir Gespräche. Aktives Zuhören des Gegenübers zeigt echtes Interesse und so empfinden wir die Gespräche angenehmer. Achte darauf, dass der Redeanteil möglichst ausgewogen ist und du nie mehr als 50 Prozent davon in Anspruch nimmst. Für den Einstieg empfehle ich dir als Gesprächsthema, zuerst ein wenig Small Talk zu betreiben. Es geht schließlich darum, Kontakte zu schaffen und Brücken zu bauen.[26] Das entspannt die Stimmung und du erfährst etwas von deinem Gegenüber.

- Mag er Sport oder ist er eher ein Sportmuffel?
- Was beschäftigt ihn in seiner Freizeit?
- Hat er Kinder und ist er verheiratet?
- Wo kommt er ursprünglich her?
- In welchem Stadtteil wohnt er?
- Wo und was hat er studiert?

Das alles sind gute Themen für den Einstieg, auf die man beim nächsten Treffen wieder zurückkommen kann. Was dich nämlich wirklich interessiert sind die beruflichen Ziele deines Gegenübers und wie du ihm dabei behilflich sein kannst. Das macht dich interessant für ihn. Dein Gegenüber interessiert sich nun auch für dich und stellt dir Fragen. Jetzt kannst du deine Botschaften einfließen lassen und deine Erfolge verkaufen. Überleg dir vorher gut, was genau du anführst. Wofür stehst du? Was ist deine Expertise und wie willst du wahrgenommen werden? Wenn dir das klar ist, wirst du diese Botschaft mit Leichtigkeit an dein Gegenüber vermitteln können.

»PROFI-HACK #16«

REDUZIERT SCHLÄGT AFFEKTIERT

Falsche Bescheidenheit ist bei der Selbstvermarktung fehl am Platz. Sätze wie »Ich hatte Glück« oder »Das war nur 'ne Kleinigkeit« gehören hier absolut nicht hin. Die aktuellen Herausforderungen eignen sich nicht sonderlich gut. Viel besser sind vergangene Erfolge. Du kannst sogar berichten, wie du diese erreicht hast und welchen Vorteil das der Firma gebracht hat. Das alles solltest du in für jeden verständliche Worte verpacken. Fachlichkeit und Details langweilen dein Gegenüber schnell. Einfachheit ist der Schlüssel. Sprich am besten in Bildern und mache es für jemanden, der nicht in deinem Thema steckt, so verständlich, dass du es ihm als Erfolg verkaufen könntest. Stell dir vor, du müsstest es einem Schulkind erklären. Hier ein Beispiel:

OHNE VEREINFACHUNG

Ich habe die fachliche Teamleitung für eine Nachbarabteilung übernehmen müssen, obwohl ich das überhaupt nicht begrüßte und ich den Chef der Abteilung darüber hinaus für überaus ignorant hielt. Das Team befand sich in einem wirklich desolaten Zustand und blockte alle Tätigkeiten ab. Es hat mich sehr viel Zeit und Mühe gekostet, diesen Missstand zu beseitigen und die Mitarbeiter wieder auf Kurs zu bringen. Nach einigen Wochen haben diese ihre Aufgaben im Projekt endlich wahrgenommen und ihre Arbeitseinstellung angepasst.

MIT VEREINFACHUNG

Ich durfte ein Team steuern, welches mir organisatorisch nicht zugeordnet war. Das Team befand sich im Tiefschlaf. Ihr Chef hatte einen anderen Fokus und ließ das Team laufen. Ich habe diese Mitarbeiter wachgerüttelt und ihnen all die Möglichkeiten gezeigt, auf die sie die letzten Jahre vergeblich gewartet hatten. Sie waren davon so motiviert, dass sie wesentlich zum Erfolg des Projektes beigetragen haben.

Selbstmarketing benötigt übrigens genauso viel Ausdauer wie gärtnern. Du musst erst die Samen sähen, diese regelmäßig gießen, und mit deiner Fürsorge und Pflege werden deine Pflanzen später Früchte tragen.

17. INNOVATIONEN FEIN DOSIERT

Der Innovationsdruck auf Unternehmen wächst zunehmend. Ein Mangel an neuen Ideen und Veränderungen kann Geschäftsmodelle bedrohen und komplette Firmen ins Aus manövrieren. Unternehmen wissen, dass sie Innovation dringend benötigen, um gegen die Mitbewerber standzuhalten und um ihre Marktposition zu verteidigen. Innovationskraft im Zusammenspiel mit einer innovationsfreundlichen Unternehmenskultur ist gefragt wie nie zuvor und wird von allen Hierarchiestufen im Unternehmen verlangt. Ob Produktentwickler, Ingenieur, Buchhalter, Programmierer, Abteilungsleiter oder CEO. Ob neue oder alteingesessene Mitarbeiter. Ob junge oder alte. Ob Führungskraft oder Sachbearbeiter. Je mehr Mitarbeiter in einem Unternehmen offen für Innovationen und Veränderungen sind, umso geringer sind die Widerstände. Die Chance auf Erfolg bei der Umsetzung vergrößert sich enorm. Je bereitwilliger ein Unternehmen Innovationen ausprobiert, desto größer ist die Wahrscheinlichkeit, dass eine richtig gute Idee dabei ist, die auch den gesuchten wirtschaftlichen Erfolg mitbringt. Etwas haben die meisten Unternehmen erkannt: Es ist immens wichtig, die passenden Mitarbeiter für Veränderungen an Bord zu haben oder an Bord zu holen. Mitarbeiter, die vor den verrücktesten Ideen nicht zurückschrecken, frei im Kopf und mutig im Herzen sind. Die vorhandene Belegschaft wird durch Innovationsworkshops und Change-Seminare geschleust. In Vorstellungsgesprächen werden neue Mitarbeiter auf Herz und Nieren geprüft, ob sie die nötige Innovationskraft mitbringen. Immer in der Hoffnung, dass man damit innovativer, dynamischer und erfolgreicher wird.

Mit Brainstorming-Sessions, Kreativitätsworkshops oder Hackathons versuchen Unternehmen, ihre Mitarbeiter zu kreativen Ideen zu inspirieren. Wenn dem Unternehmen dieser Schritt gelungen ist, dann geht es erst richtig voran. Sollte man meinen.

Oft passiert erstaunlich wenig. Trotz der hippen italienischen Kaffeemaschine, dem coolen Kickertisch, den relaxten Chill-out-Zonen und den hausinternen Fitnesskursen, treten Unternehmen auf der Stelle. Innovationen werden auf der einen Seite dringend benötigt, die Umsetzung effektiv verhindert. Entgegen den Versprechungen wird neu rekrutierten Mitarbeitern nicht der Raum für Experimente oder Tests von Ideen gegeben, sondern verlangt, die jahrelang eingeschliffenen Prozesse und Gewohnheiten fortzuführen. Immer schön nach der Devise: Bitte nichts hinterfragen. Einfach machen, was gesagt wird. »Wenn hier jeder mitreden würde, wo kämen wir hin?« Kommt dir das bekannt vor? Gerade der Generation der Millennials wird vorgehalten, viel zu viel zu hinterfragen. Es wird sogar als Faulheit, Arbeitsverweigerung, mangelnder Respekt oder Ignoranz verstanden. Die Millennials machen das, was die Generationen vor ihnen versäumt haben: Sie hinterfragen den Status quo und machen Vorschläge, wie es besser geht, effektiver, zeitgemäßer und dynamischer. Damit laufen sie volle Kanne gegen unsichtbare Wände: Die bestehen aus den Einwänden der Vorgesetzten und Kollegen, die keine Veränderung wünschen.

Innovationen bringen ein hohes Risiko mit sich. Bis man eine Idee ausgetestet hat und weiß, ob sie wirklich funktionieren wird, braucht es einiges an Zeit und Geld, das investiert werden muss. Gerade große Unternehmen scheuen das Risiko und setzen stattdessen lieber auf Sicherheit. Innovation und Sicherheit sind ein Widerspruch in sich. Jeff Bezos, Gründer von Amazon, hat vor einigen Jahren behauptet: »Failure and invention are inseparable twins.« Je mehr Innovationen ausprobiert werden, desto höher ist die Wahrscheinlichkeit, dass eine Idee dabei ist, die funktioniert. Trotzdem scheuen sich viele Unternehmen davor. Vor wirklich großen Veränderungen drückt man sich so lange, bis nichts mehr geht. Der Wunsch nach Innovation ist gegeben, der Mut zur Umsetzung fehlt.

SETZ DIR EINE TARNKAPPE AUF

Wenn eine Idee noch so brillant ist und dem Unternehmen Kosten sparen oder mehr Umsatz bringen würde, heißt es noch lange nicht, dass es ein Selbstläufer ist. Entscheidungen werden immer auch emotional gefällt und nie nur rational. Du allein wirst es nicht schaffen, dich in einem innovationsunwilligen Unternehmen durchzusetzen, um die veralteten und verkrusteten Strukturen aufzulösen. Darauf solltest du dich gedanklich einstellen. Steht dein Chef kurz vor der Rente, ist die Wahrscheinlichkeit, dass er sich auf riskante Projekte einlässt, sehr gering. Für dich ist das zum Haareraufen, für ihn ist es eine ernsthafte Gefahr. Wenn die innovative Idee sich als Rohrkrepierer entpuppt, könnte er zur Verantwortung gezogen werden und kurz vor der Zielgeraden seinen Job verlieren. Er wird lange abwägen, dich nach Infos und Details fragen und sich verschiedene Meinungen einholen, um dich am Ende doch nicht bei der Umsetzung zu unterstützen. Je größer das Risiko ist, desto geringer ist die Wahrscheinlichkeit, dass du seine Unterstützung erhältst. So ist es mir mehr als einmal ergangen.

Ich hatte vor einigen Jahren eine IT-Abteilung übernommen, welche technologisch sehr veraltet war. Es kam immer wieder zu ungeplanten Betriebsausfällen. Das Risiko eines Totalausfalls war hoch. An Effizienz- und Modernisierungsmaßnahmen war gar nicht zu denken. Erst musste die Basis erneuert werden, bevor man über wirkliche Innovationen sprechen konnte. Das wurde mir beim Einstellungsgespräch allerdings verschwiegen und ich musste dies Stück für Stück selbst herausfinden. Die Ursache für den desolaten Zustand war ein Innovationsstau über die vergangenen Jahre. Man hatte die Systeme aus falsch verstandenen Kostengründen laufen lassen und gehofft, dass vorerst nichts Schlimmeres passiert.

Mein Chef stand kurz vor der Pensionierung und wollte nur noch unbeschadet in Rente. Risikominimierung und Statuswahrung war seine Strategie, um die letzten drei Jahre noch durchzuhalten. Für ihn wäre es am besten gewesen, wenn alles so blieb wie bisher. Im Vorstellungsgespräch wurde mir jedoch etwas anderes erzählt. Mir wurde von den Möglichkeiten, Innovationen zu entwickeln, berichtet. Der Investitionsstau der vergangenen Jahre wurde nicht erwähnt. Ich hatte die Abteilungsleiterstelle angetreten, um neue Ideen auszuprobieren und nicht um den feuchten Keller trocken zu legen. Meine Enttäuschung war groß, als ich feststellen musste, dass ich erst die Drecksarbeit erledigen musste, um die Basis für verrückte Ideen zu legen. Jeder, der mich gut kennt, weiß, das Aufgeben nicht mein Stil ist. Ich krempelte die Ärmel hoch und machte mich an die Arbeit. Es warteten einige Überraschungen auf mich und es waren am Ende mehr Leichen in diesem feuchten Keller verscharrt, als ich gedacht hätte. Mit schierer Ausdauer habe ich eine nach der anderen entdeckt, identifiziert und beerdigt. Der Keller war endlich in einem akzeptablen Zustand und die ersten Versuche mit wirklichen Innovationen konnten gemacht werden. So dachte ich jedenfalls. Nicht mein Chef. Für ihn galt es, jedes Risiko zu vermeiden. Ich merkte schnell, dass ich an meine Grenzen kam. Veränderungen waren nur in einem kleinen Maßstab erwünscht. Meine Ideen gingen weit darüber hinaus. Ich wollte mit künstlicher Intelligenz (KI) experimentieren, um Prozesse zu vereinfachen und zu automatisieren. Dieses Thema war zu diesem Zeitpunkt noch so neu, dass es auf Ablehnung stieß. Ich wusste, wenn ich mit dieser Idee zu meinem Chef gehen würde, gäbe es drei Möglichkeiten:

1. Er findet die Idee generell gut, schiebt das Thema zur Risikominimierung in eine andere Abteilung. Damit würde er die Idee nicht verhindern, sich jedoch ganz klar gegen ein mögliches Scheitern absichern. Im Erfolgsfall könnte er sich immer damit brüsten, die Idee gehabt und den Startschuss initiiert zu haben.
2. Er genehmigt mir das Projekt, aber ich muss zusätzlich die hauseigenen Spezialisten involvieren, welche nicht im Entferntesten etwas von den zu automatisierenden Prozessen verstanden und bisher noch nicht viel Erfahrung mit KI gesammelt hatten.
3. Er untersagt mir, Zeit und Geld in die Idee zu investieren und lässt die Idee sterben. Vorgeschobene Gründe würde er leicht finden.

Alle drei Optionen waren für mich nicht zufriedenstellend. Wenn ich dieses Projekt ausprobieren wollte, musste ich kreativ werden und im Hintergrund operieren. Ich erzählte ihm nicht davon und startete das Projekt mit einem Mitarbeiter in geheimer Mission. Wir probierten erst einmal aus, was in welchem Tempo möglich war, und sammelten unsere Erfahrungen. Es ging nicht ganz so zügig voran wie gedacht und da der Mitarbeiter dieses Projekt nicht offiziell betreute, musste das neben seinen normalen Tätigkeiten erfolgen. Er war genauso motiviert wie ich und spielte gern mit.

Nach einem halben Jahr war der erste Prozess erfolgreich ausgetestet. Es wäre an der Zeit gewesen, die Katze aus dem Sack zu lassen und von unserem Experiment zu berichten. Doch auch dieser Zeitpunkt musste sorgfältig abgepasst werden. Die Chance, dass mein Chef wütend auf mich sein und rumtoben würde, warum ich ihm das verschwiegen habe, war sehr hoch. Er musste davon ebenso profitieren können wie ich. Ich wartete noch ein wenig und dann kam mir die Entwicklung innerhalb der Firma zugute. Plötzlich war Künstliche Intelligenz nicht nur noch etwas für ein einzelnes kleines Team von Visionären, sondern die Firma wollte KI gesamtheitlich verstanden wissen. Dazu sollten alle Abteilungen ihre Initiativen zurückmelden, damit diese bewertet und im besten Falle unterstützt werden konnten. Ich hatte nicht als Einzige ein Experiment im Untergrund gestartet, sondern der Firma war aufgefallen, dass es mehrere solcher Fälle gab. Mein Chef war damit in der Situation, dass er ein Projekt dieser Art brauchte, um seine Innovationsfähigkeit zu demonstrieren. Und das war für mich der beste Moment, um mit meinem Projekt an die Öffentlichkeit zu treten. Eine perfekte Win-win-Situation. Mein Chef hatte nicht damit gerechnet und war überrascht. Statt sauer auf meinen offensichtlichen Alleingang zu sein, bekam ich seine Anerkennung. Ich hatte ihm zum perfekten Zeitpunkt ein vorzeigbares KI-Projekt verschafft, mit dem er sich brüsten konnte. Damit hatte er bei mir nicht gerechnet. Ich hatte bis dahin alles nach seinem Plan gemacht und mich eher wie ein braves Schäfchen verhalten. Meine Tarnung hatte gut funktioniert.

»PROFI-HACK #17«

SEI DER WOLF IM SCHAFSPELZ

Dein Chef erwartet von dir als Führungskraft einen geschmeidigen Mitarbeiter, der keine großen Probleme macht. Am besten laufen die täglichen Dinge, ohne dass er eingreifen muss. Natürlich will er Erfolge abseits von diesen täglichen Aufgaben vorweisen können, um vor seinem Chef zu glänzen und vor den Kollegen zu punkten. Das gelingt jedoch nicht mit Aufgaben aus dem Tagesgeschäft. Das braucht vor allem Innovationen und die Umsetzung von neuen Ideen. Diese kannst du nicht ungestört umsetzen, wenn du wie ein Schaf dem Chef hinterhertrottest. Sei darum wie der Wolf im Schafspelz. Behalte den Revoluzzer in dir. Gib nicht immer alle deine Ideen preis und scheue dich nicht vor Aktionen im Untergrund. Nur zeigen solltest du es nicht, damit deine Tarnung nicht auffliegt. Du musst nur noch auf den richtigen Zeitpunkt warten. Wie immer macht auch hier die Dosierung das Gift. Das Mittel funktioniert nicht immerzu und nutzt sich mit der Zeit auch ab. Du musst dir strategisch gut überlegen, welche Schlacht du kämpfen willst.

18. HEUSCHRECKENALARM: WAS JETZT ZU TUN IST

Einer der wichtigsten und einschneidendsten Jobs meiner Karriere führte mich 2006 von Berlin nach Köln. Ich hatte einen Anruf von einem Headhunter erhalten und mir wurde eine Stelle in einem amerikanischen Konzern angeboten. Nicht in irgendeinem Konzern, sondern in einem der wertvollsten Unternehmen weltweit: General Electric (GE). Es war bekannt, dass man sich auf dem Jobmarkt die Stellen aussuchen konnte und von jedem anderen Konzern mit Kusshand genommen wurde, wenn man es einmal in die heiligen Hallen der Finanzabteilung von GE geschafft hatte. Ich war außer mir über diese Möglichkeit. Nach einem sehr ausführlichen Bewerbungsprozess, der zweimal einen ganzen Tag dauerte, wurde mein Traum Wirklichkeit. Ich bekam den Job und wurde Teil von GE.

Ich war von Anfang an sehr beeindruckt von der internationalen Struktur. Im Finanzbereich waren wir ein Team von 20 Leuten aus elf Nationen. Der CFO war noch keine 40 und kam aus der GE-internen Kaderschmiede. Ich wurde direkt im zweiten Monat meines neuen Jobs zu einem SAP-Training nach Manhattan geschickt. Überhaupt wehte hier ein anderer Wind durch die Gänge und Flure. Obwohl wir uns in Fabrikgebäuden mit schäbigen Teppichen und Klimaanlagen in der Lautstärke einer Flugzeugturbine befanden, war die Stimmung wie in einem Start-up. Wir klotzten oft bis spät abends ran, gingen danach aber noch zusammen feiern. Die Arbeit war Lebensmittelpunkt und Kollegen wurden Freunde. »Work hard, play hard«, das war das Motto. Man konnte eine Menge bewegen, und wenn man sich bewiesen hatte, bekam man bereits nach kurzer Zeit viel Verantwortung. Ich konnte mein Glück kaum fassen. Ein super Job, megacoole Kollegen, ein toller Chef und eine Firma, die jeder gern in seinem CV hätte. Nur gingen da plötzlich merkwürdige Dinge vor sich.

DIE GERÜCHTEKÜCHE BRODELT

Der CFO wollte auf einmal Zahlen aus den vergangenen fünf Jahren wissen, ganz untypisch und gar nicht passend zu einem amerikanischen Unternehmen, das sich immer auf das nächste Quartal fokussierte. Auf Nachfragen bekam ich mehr Ausflüchte als Antworten. »Das brauchen die Wirtschaftsprüfer«, hieß es dann, oder »Das ist für das internal Audit«. Nur war gerade Mitte des Jahres und die Jahresprüfung war schon längst durch. Ich beschloss, mich einfach mal bei meinen Kollegen umzuhören, die mehr Erfahrung hatten. Ob sie es nicht auch ein bisschen merkwürdig fänden, was für komische Fragen gestellt würden? Und ob sie das Gefühl hätten, hier wären Dinge im Gange, die schwer zu greifen wären? Und siehe da, es war auch anderen in der Firma aufgefallen. Erst hörte ich es vertraulich hinter vorgehaltener Hand. Kurze Zeit später begann es über die Flure zu wabern: »Hast du schon gehört? Wir werden verkauft.« Allerdings gab es nichts Konkretes. Also nur ein Gerücht? Ich war verunsichert, hatte Schwierigkeiten, mich auf meinen Job zu konzentrieren, und begann jeden Tag damit, im Internet nach Stellen zu suchen. Ich fühlte mich getäuscht und verraten. Von meinem Vorgesetzten hatte ich mehr Transparenz erwartet, vor allem im Vorstellungsgespräch. Mit diesem Stimmungstief war ich nicht allein. Je mehr Gerüchte sich verbreiteten, umso stärker sank die Produktivität. Andere Mitarbeiter waren auch verunsichert und teilweise komplett gelähmt. Was mir auffiel: Ein paar ältere Hasen schien das Ganze überhaupt nicht aus der Ruhe zu bringen. Die behielten ihre durchschnittliche Laune und Gelassenheit und machten weiter wie bisher. Heute weiß ich warum: Sie hatten das bereits einmal erlebt.

DIE ROLLE DES CHEFS

Und die Vorgesetzten? Die taten es als Gerüchte ab und versuchten, uns, so gut es ging, auf Spur zu halten. Wenn ich nachbohrte, wechselten sie geschickt das Thema und taten so, als würde ich mir alles einbilden. Bevor ich meine Zeit mit Gerüchten verschwendete, solle ich mich lieber auf den Job konzentrieren. Leicht gesagt, doch alles andere als einfach getan, wenn die ganze Firma über nichts anderes mehr spricht. Das merkte mein Vorgesetzter und er stellte mir eine entscheidende Frage: »Was wäre für dich anders, wenn der Laden hier wirklich verkauft würde?« Darüber dachte ich eine Weile nach. Was mich am meisten stören würde: Ich wäre nicht mehr Teil von GE. Dafür war ich schließlich gekommen. Okay, dann wäre ich Teil einer neuen Firma und würde noch eine andere Perspektive gewinnen. Ich würde zum ersten Mal miterleben, wie eine Übernahme vonstattengeht. Das wäre nicht schlecht für meinen CV. Es könnte sein, dass sich mein Job grundlegend veränderte oder dass es ihn nicht mehr gäbe. Vielleicht ergäbe sich aber auch eine neue Möglichkeit? Mein Chef hatte mir mit dieser Frage eine andere Sichtweise ermöglicht. Plötzlich waren die Gerüchte nicht mehr so dramatisch. Nun war ich fast ein wenig neugierig zu sehen, was als Nächstes passierte.

DIE BOMBE PLATZT

Ich musste nicht lange warten, bis die offizielle Mitteilung kam: Ein halbes Jahr, nachdem ich meine Stelle angetreten hatte, verkaufte GE unser Business an ein Private-Equity-Unternehmen. Meine Gelassenheit war von einem Moment zum anderen verschwunden. Was für ein Schock! Selbst die bis dahin abgeklärten älteren Mitarbeiter waren wie gelähmt. Andere Zeiten kamen auf uns zu. Private-Equity-Finanzinvestoren haben nicht ohne Grund den Spitznamen »Heuschrecke«, weil sie mit dem Geld vermögender privater Investoren Unternehmen kaufen. Einen großen Teil des Kaufpreises lassen sie durch die gekauften Firmen abzahlen, während diese umstrukturiert werden, um sie einige Jahre später mit etlichen Mitarbeitern weniger und ordentlichem Gewinn zu verkaufen. Auf diese Weise erzielt der Käufer eine größtmögliche Rendite. Schön für die Investoren, meist ein Schreckensszenario für die gekauften Firmen und ihre Mitarbeiter.

ABWARTEN UND KAFFEE TRINKEN

Trotzdem mochte ich meinen Job bisher sehr gern und ich war auch noch nicht lange dabei. Das Handtuch werfen, nur aufgrund von Gerüchten und Pressemitteilungen? Das war nicht mein Ding. Ich beschloss, erst einmal abzuwarten. Im Zweifel konnte ich mir immer noch einen neuen Job suchen. Kontakte zu Headhuntern hatte ich mittlerweile genug. Vielleicht konnte ich ja sogar noch etwas lernen? Ich richtete mich auf meinem Beobachtungsposten ein, mit meinem Notizblock und einem Becher Kaffee auf dem Schreibtisch ausgerüstet, lehnte ich mich zurück und beobachtete das Geschehen ganz genau. Wer weiß, wann ich dieses Wissen noch gebrauchen konnte?

Mit dem Verkauf an die »Heuschrecke« änderte sich in der Tat einiges. Der Kaufpreis war hoch gewesen, und die Finanzierung dieses Preises wurde tatsächlich zum Großteil uns, der gekauften Firma, aufgebürdet. Diese Hebelfinanzierung war eine Last: Bisher hatten wir von Quartal zu Quartal gelebt, jetzt aber ging es jeden Monat um die Wurst. Jeder Euro zählte, damit die hohen Zinsen dieses Deals bedient werden konnten. Ich war angekommen im Kapitalismus in seiner reinsten Form. Die GE-Firmenkultur war bereits stark getrieben von Zahlen. Der Leitsatz unseres CFOs war: »Measurement drives behaviour«. Doch jetzt bekamen die Zahlen und die KPIs einen noch höheren Stellenwert. Damit wurde auch mein Job immer wichtiger.

»PROFI-HACK #18«

CHANCEN SEHEN UND ERGREIFEN ODER GEHEN

Da ich die Zügel für die Investitionen und Bestände in Europa in der Hand hielt, konnte ich Einfluss auf die Cash-Entwicklung nehmen. Das war es, was das Unternehmen nun dringend benötigte. Wie uns in Europa ging es der Firma weltweit, schließlich waren wir immer noch ein Konzern mit Standorten in Amerika, Europa und Asien. In diesen teilweise chaotischen Umbruchzeiten entwickelte sich meine größte Chance innerhalb des Unternehmens. Es brauchte jemanden, der den Cash-Flow auf globaler Ebene koordinierte. Ich hatte für Europa einen guten Job gemacht und durch diverse kreative Maßnahmen dem CFO mehrfach aus der Patsche geholfen. Ich hatte bisher nicht aufgegeben und war an Bord geblieben. Zudem hatte ich beobachten können, wie sich das Machtgefüge verschob und sich die Organisation neu aufstellte. So bekam ich, in der bis dahin größten Veränderung dieser Firma, eine Beförderung in eine wichtige globale Rolle und legte damit einen Grundstein für meine weitere berufliche Entwicklung. Ich ergriff die Chance und nutzte sie bestmöglich.

Der Deal hatte allerdings auch dunkle Seiten. Einige Monate nach dem Verkauf setzte die Weltwirtschaftskrise ein. Für meine Firma begann eine Abwärtsspirale. Die Umsätze brachen von heute auf morgen so drastisch ein, dass einem schwindelig wurde. So etwas hatten auch gestandene Manager noch nicht erlebt. Niemand wusste das Ausmaß einzuschätzen und wie lange die Krise andauern würde. Gleichzeitig musste die Firma ihren finanziellen Verpflichtungen nachkommen. Es begann die Zeit der Kurzarbeit und der größten Sparmaßnahmen, die diese Firma je erlebt hatte. Investitionen wurden komplett auf Eis gelegt, offene Stellen nicht mehr besetzt und Mitarbeiter entlassen. Dienstreisen fanden in der Holzklasse statt, wenn sie überhaupt noch genehmigt wurden. Weil all das nicht ausreichte, griff man zu einer drastischen Maßnahme und forderte die Mitarbeiter zu einem aktiven Gehaltsverzicht auf. Betroffen davon waren Beschäftigte in der Produktion wie die Mitarbeiterinnen und Mitarbeiter in den klassischen Bürojobs. Ohne die Hebelfinanzierung und den monatlichen Druck der Banken wäre es vielleicht ohne diese Maßnahme gegangen. Nun standen Existenzen auf dem Spiel, um privaten Investoren weiterhin die maximale Rendite auszahlen zu können. Das war für mich unmoralisch. Als der CEO auch noch mit einem Privatjet um die Welt reiste, um diese Maßnahmen persönlich zu verkünden, konnte ich morgens nicht mehr in den Spiegel schauen. Ich beschloss, die Konsequenzen zu ziehen und kündigte. Denn eines war mir wichtig: Ich wollte mir, so gut es geht, selbst treu bleiben. Sonst hatte der Job keinen Sinn. Und ein Job ohne Purpose ist ein langweiliger Job. Deshalb gilt beides: Dranbleiben und Hinwerfen, jedes zu seiner Zeit!

19. NEUER CHEF, NEUES GLÜCK

Die Zeiten sind sehr schnelllebig und so kommt es vor, dass der Chef, mit dem man vor ein paar Wochen noch das Vorstellungsgespräch geführt hat, gar nicht mehr im Unternehmen ist, sobald man die Stelle antritt. Das ist eine unschöne Situation und ich wünsche es keinem. So ist das Leben, und früher oder später wirst vielleicht auch du in eine solche Lage geraten. Die Zunahme an Umstrukturierungen (siehe Kapitel 9) sorgt für ein ständiges Stühlerücken. Wenn das erst einmal in Gang gekommen ist, dauert es eine Weile, bis der letzte Stuhl wieder besetzt ist und alle zur Ruhe kommen können. In den meisten Firmen ist das Stühlerücken allerdings ein permanenter Prozess geworden. Demzufolge sind die Risiken größer geworden, dass du mit einer völlig anderen Person im Vorstellungsgespräch sitzt als der Person, die später dein Chef sein wird.

Mir ist es bereits zu Beginn meiner Karriere passiert. Es war mein erster Job bei einem der größten Getränkehersteller weltweit. Ich hatte in Zusammenarbeit mit dem Unternehmen meine Diplomarbeit geschrieben, und da ich damit überzeugen konnte, bekam ich anschließend eine Stelle im Controlling angeboten. Das Vorstellungsgespräch musste ich nicht wirklich führen, da mich alle schon kannten. Eingestellt wurde ich vom Bereichsleiter, denn die Abteilungsleiterstelle war zu diesem Zeitpunkt unbesetzt. Meinen neuen Chef lernte ich erst kennen, nachdem ich meinen Job begonnen hatte. Er startete zwei Wochen nach mir. Ich ging unvoreingenommen an den Neuen heran und freute mich, ihn kennen zu lernen. Es dauerte nicht lange, da musste ich, und mit mir das Team, feststellen, dass er unsere Erwartungen an einen guten Chef nicht erfüllen konnte. Ihm fehlte es an den notwendigen Fachkenntnissen, aber weit schlimmer wog, dass er als Führungskraft nicht fähig war. Er schloss sich am liebsten in seinem Büro ein und mied den Kontakt zu uns Mitarbeitern, den Kollegen sowie dem Chef, wo es nur ging. Eine Idee, was er mit dem Team in den kommenden Wochen und Monaten alles gestalten wollte, gab es nicht. Ohne Vision und Strategie versuchte er den Status quo zu bewahren und keinen größeren Schaden anzurichten. Kurz: Er war eine komplette Fehlbesetzung, über die schon nach kurzer Zeit im gesamten Unternehmen gelacht wurde. Ich litt unter dieser Fehlbesetzung, da er seine Mitarbeiter nicht förderte und ich nicht wirklich etwas von ihm lernen konnte. Fast schien es, als hätte er Angst vor mir. Was natürlich absurd war, ich kam frisch vom Studium und war blutige Anfängerin. Die Situation war grotesk. Lange musste ich die Konstellation nicht aushalten. Nach etwas mehr als einem Jahr verließ mein Chef die Firma und wir bekamen eine hervorragende Nachfolgerin, welche ihren Job verstand. Endlich konnte ich etwas dazulernen, wurde gefördert und gefordert. Ich war richtig glücklich.

DER NEUSTART

Der Nachteil an jedem neuen Chef ist, dass man nun wieder auf einem absolut weißen Blatt Papier startet. Die komplette Historie deines Jobs fehlt darauf. Deine Erfolge und Errungenschaften sind wie vom Erdboden verschluckt. Als hätten sie nie existiert. Natürlich wirst du deinem neuen Chef davon berichten. Jedoch wird dieser nie wissen, wie die Umstände wirklich waren und wie viel Kraft es gekostet hat, das zu erreichen. Du kannst ihm das zwar schildern, es wird allerdings nie ganz authentisch sein. Da dich dein neuer Chef noch nicht kennt, weiß er nicht, ob er deinen Schilderungen glauben kann. Übertreibst du vielleicht ein wenig bei den erzielten Erfolgen? Willst du dich nicht möglicherweise besser darstellen, als du bist? Oder bist du der Underdog, der eher untertreibt als übertreibt? Lässt du entscheidende Infos weg? Er wird sich auf jeden Fall sein eigenes Bild machen und das kann ich jedem empfehlen. So musst du dir bei jedem neuen Chef wieder einen Namen machen, dich beweisen und vermarkten. Das klingt anstrengend? Ohne Zweifel ist es das auch, nur leider nicht umgänglich. Während eines Jobs als Abteilungsleiterin hatte ich drei Chefs in 2,5 Jahren. Der erste wurde nach einem Jahr ersetzt, der zweite nach einem weiteren Jahr. Der Posten meines Chefs war wie ein Schleudersitz. Zu Beginn des dritten Chefs kündigte ich. Auch wenn das nicht der Hauptgrund war, zahlte dies auf meine Entscheidung mit ein.

Wobei ein häufiger Chefwechsel, das muss man fairerweise sagen, auch enorme Chance mit sich bringt. Ist die Nachfolge noch nicht geregelt, kann man sich selbst dafür ins Rennen bringen. Falls doch, bringt eine solche Veränderung einige Möglichkeiten mit sich, die man nur erkennen muss.

- Man kann sich ganz regulär ein Zwischenzeugnis ausstellen lassen, ohne dass jemand dabei Verdacht schöpft. Das kann einem für die nächste Bewerbung gelegen kommen und zeigt einem selbst auf, wo man steht.
- Wenn die Beziehung zum Vorgänger spannungsvoll oder belastet war, hat man nun die Chance auf Besserung. Es kann durchaus sein, dass man sich mit dem neuen Chef besser versteht, da man ähnliche Interessen hat und auf der gleichen Wellenlänge liegt.
- Misserfolge oder unschöne Historien im Unternehmen, lassen sich so wunderbar unter den Teppich der Vergangenheit kehren. Es ist wie ein Neuanfang, ohne den Job zu wechseln.
- Jeder neue Chef bringt frischen Wind mit in die Abteilung. Andere Ansichten, Arbeitsweisen, Regeln, Methoden und

Erfahrungen. Auf eine führungsschwache Person kann jemand mit ganz tollen Führungsqualitäten folgen, so wie ich es erlebt habe. Es können vielfältige neue Impulse sein, die ganzen Abteilungen Leben einhauchen können.

- Und ganz wichtig: Die Rangfolge innerhalb des Teams wird sich ganz automatisch ändern. Der vorherige Favorit deines Chefs rückt – möglicherweise aus diesem Grund – auf den letzten Platz innerhalb der Beliebtheitsskala. Und der ehemals unbeliebte Querulant wird auf einmal die rechte Hand. Alles ist möglich, und du musst dafür sorgen, dass du nicht die Liste von hinten anführst.

Darum ist es wichtig, den neuen Chef zu unterstützen und ihm eine faire Chance zu geben. Jede neue Führungskraft steht unter Erfolgsdruck und muss sich in den ersten Tagen beweisen. Sie wird es dir danken und ganz sicher nie vergessen, wenn du ihr dabei beistehst und supportest. Das hilft dem neuen Chef, sich vom alten abzugrenzen und seinen eigenen Stil zu etablieren. So kannst du Input geben, was bisher nicht so gut lief und wo es Verbesserungspotenzial gibt. Ohne den alten Chef in die Pfanne zu hauen, versteht sich. Du kannst eine Idee wieder ins Spiel bringen, die bei deinem alten Chef kein Gehör gefunden hat. Vielleicht ist der Neue ja dafür zu begeistern? Auf alle Fälle solltest du kommunizieren, welche Aufgaben dir besonders liegen, leicht von der Hand gehen und dir Freude bereiten. Das ist eine gute Strategie, damit mehr von den Aufgaben mit Spaßpotenzial auf deinem Schreibtisch landen. Natürlich solltest du dich auf die neue Person einlassen und den neuen Chef gut kennen lernen. Die persönliche Beziehung zum Chef ersetzt nichts und niemand.

VERGISS DEN ALTEN CHEF NICHT

Wenn du eine wirklich gute Beziehung zu deinem früheren Chef hattest und ihm vielleicht nachweinst, dann empfehle ich dir dies nur im Stillen zu tun. Verschone deinen neuen Chef mit den Vorzügen des alten Vorgesetzten, denn das kann dich nur ins Aus katapultieren. Niemand hört gern, dass der Vorgänger den Job besser gemacht hat. Damit machst du dich unnötig unbeliebt. Der neue Chef bekommt so das Gefühl, dass du dir den alten Chef zurückwünschst und er ihm nicht das Wasser reichen kann. Das lädt eure Beziehung unnötig auf und sorgt für vermeidbare Spannungen. Trotzdem kannst du den Kontakt zum vorherigen Chef aufrechterhalten und das empfehle ich dir sogar. Niemand kann die Zukunft voraussagen und wie es in deiner jetzigen Firma übermorgen aussehen wird. Da kann sich ein gutes Arbeitsklima plötzlich umkehren, Umsätze brechen ein oder die Kollegen wechseln. Wer weiß, wie die Sache mit dem Neuen sich weiterentwickelt. Manchmal kann man sich alle Mühe der Welt geben und trotzdem gibt es Spannungen, die sich nicht lösen lassen. Dann wäre es gut, wenn man den Kontakt zum vorherigen Chef gehalten hat und dieser einen vielleicht nachholen könnte. Auch dass Mitarbeiter, welche die Firma vor ein, zwei Jahren verlassen hatten, wieder zurückkommen, ist nichts Ungewöhnliches. Das erlebe ich immer wieder. Dann wäre es gut, wenn der Kontakt über die Zeit bestehen geblieben ist und man nahtlos wieder anknüpfen kann.

»PROFI-HACK #19«

WARTEN AUF DIE NÄCHSTE WELLE

Ich werde häufig gefragt, was zu tun ist, wenn man einen Chef hat, mit dem man sich überhaupt nicht versteht. Diejenigen, die mich um Rat fragen, sind meist sehr frustriert und erzählen mir verzweifelt in allen Details, wie schlecht die Situation mit ihrem Chef ist, wie daneben er sich benimmt, wie schwer es ihnen fällt, ihn zu respektieren, und wie sehr sie sich insgeheim einen anderen Chef wünschen. Ich kann das gut nachvollziehen, denn ich hatte auch schon mehrere Chefs dieser Sorte. Es scheint da draußen genug ungeeignete Führungskräfte zu geben, zumindest mehr als wirklich gute. Doch lohnt sich etwas Ausdauer mehr als eine spontane Entscheidung, getrieben von der Frustration. Je nachdem wie lange die Situation schon andauert, rate ich im ersten Schritt zur Besonnenheit. Abwarten und Tee trinken ist die Devise. Ich habe es oft erlebt, dass mir dieselbe Person ein paar Monate später strahlend berichtet hat, dass sie einen neuen Chef hat und alles wieder im Lot ist. Die Zeiten sind schnelllebig und niemand weiß, was die nächste Umstrukturierungswelle mit sich bringt. Vielleicht spült sie deinen ungeliebten Chef aus dem Unternehmen oder an einen anderen »Strand«?

20. VORSICHT FALLE: DER COOLE CHEF

Das Gute an den heutigen Arbeitsbedingungen ist, dass sich Job und Privatleben leicht miteinander verbinden lassen. Sie vermischen sich sogar sehr stark und sind teilweise kaum noch voneinander zu trennen. Man geht mit den Kollegen nach Feierabend aus und ist über Social Media vernetzt. Die Tür zum Privatleben wird bereitwillig weit geöffnet und die Kollegen haben daran teil, was wir essen, wie unser Beziehungsstatus ist und wie wir uns fühlen. 32 Millionen Deutsche nutzen Facebook im Jahr 2020 und 17 Millionen sind bei Instagram angemeldet. Xing als größtes berufliches Netzwerk in Deutschland hat 17 Millionen Nutzer, direkt gefolgt von LinkedIn mit 14 Millionen. Ich habe diese Plattformen im Laufe der Jahre zu schätzen gelernt und nutze sie regelmäßig. In meinem Freundeskreis gibt es langjährige Freundschaften zu ehemaligen Kollegen, die über Deutschland verteilt und im Ausland wohnen. Über die sozialen Medien nehmen wir gegenseitig an unserem privaten Leben teil. Die räumliche Distanz wird so zur Nebensache. Doch was, wenn der eigene Chef plötzlich eine Freundschaftsanfrage sendet?

DIE SOCIAL-MEDIA-FALLE

Vor ein paar Jahren noch gab es den Codex, dass Führungskräfte auf Facebook und Co. nicht mit Mitarbeitern befreundet sein sollten oder zumindest, dass die Initiative nicht vom Chef ausgehen sollte. Seit die sozialen Netzwerke ein immer größerer und integraler Bestandteil unseres Lebens geworden sind und dir auf Instagram, Twitter, TikTok oder Snapchat jeder einfach folgen kann, ist dieses Thema hinfällig. Der Chef und die Kollegen lassen sich nur schwer ausschließen. Die sozialen Medien gehören zu unserem Leben ganz selbstverständlich dazu. Ihre Vielfalt und ihr Einfluss wird weiter steigen. Umso wichtiger ist es, sich hier ein paar Gedanken zu machen, wie du auf diesen Plattformen wahrgenommen werden möchtest. Firmen nutzen diese, um ein Image von sich, ihren Produkten und Dienstleitungen zu präsentieren, diese zu bewerben und zu verkaufen. Auch du solltest dir Gedanken machen, wie du deinen virtuellen Auftritt bewusst gestaltest und dich dabei zeigst.

Veröffentliche deine Beträge in dem Bewusstsein, dass dein zukünftiger oder aktueller Arbeitsgeber in dein Profil schauen könnte. In Social Media gehört nichts, was gegen dich verwendet werden kann oder wofür du dich irgendwann schämen könntest. Fotos mit Drogen, bei kriminellen Handlungen oder sonstigen Ausschweifungen haben da nichts zu suchen. Aber auch Fotos vom letzten Saufgelage, Nacktbilder oder Kommentare über den »Saftladen von Arbeitgeber« solltest du für dich behalten. Selbst Harmlose und lustige Fotos und Videos können, ohne den Kontext zu kennen, leicht missverstanden werden. Postet ein Freund auf deiner Facebook-Seite Sprüche wie »Du hast aber gestern ganz schön gesoffen« und dann bist du am nächsten Tag tatsächlich nicht leistungsfähig (oder gar nicht erst anwesend), kann das unangenehme Konsequenzen haben, wenn dein Chef es sieht. Deine Freunde haben sich vielleicht nur einen Spaß erlaubt, aber dein Chef fragt sich, ob du eine Fehlbesetzung fürs Unternehmen bist. Im Zweifel kostet dich das deine Stelle. Ebenso haben Satire, Sarkasmus und politische, ethnische oder religiöse Inhalte das Potenzial für Konflikte. Hier besteht eine 50-prozentige Wahrscheinlichkeit, dass dein Chef oder dein Gegenüber im Vorstellungsgespräch einer anderen Meinung sind. Du musst selbst entscheiden, ob du deine Persönlichkeit mit allen Facetten zeigen möchtest und deine Statements öffentlich vertrittst, statt immer achtzugeben, was du gerade postest. Sei dir jedoch bewusst, dass dir dadurch Jobchancen entgehen können. Das ist ganz schön anstrengend. Darum ist es legitim, Freundschaftsanfragen vom Chef abzulehnen. Sprich ihn direkt darauf an und erklär ihm, dass du Privates und Berufliches weitgehend trennst. Ein guter Chef versteht das.

DER LIEBLING DES CHEFS

Und abseits von sozialen Netzwerken im richtigen Leben, offline sozusagen? Macht es da Sinn mit dem Vorgesetzten befreundet zu sein? Du verbringst den größten Teil deiner Zeit im Büro. Also ist es nur natürlich, dass du Freundschaften mit den Menschen schließt, mit denen du arbeitest. Eine gute Beziehung zum Chef kann einige Vorteile mit sich bringen:

- Da ihr euch gut kennt, könnt ihr gegenseitiges Interesse, Mitgefühl und Respekt aufbauen. Aufgrund des Respekts und der Wertschätzung, die ihr einander entgegenbringt, bist du motivierter und engagierter.
- Die Arbeit kann »spaßiger«, entspannter und angenehmer werden, weil du mehr du selbst sein kannst, als du es vielleicht normalerweise wärst.
- Du wirst an der ein oder anderen Stelle vielleicht größere Nachsicht deines Kumpel-Chefs erleben, wenn es um Fehler oder Kritik geht. Sympathie macht es schwieriger, auf jemanden richtig sauer zu sein.
- Du wirst mehr hören als deine Kollegen, denn dein Chef weiß Interna über das Unternehmen, die du nicht kennst. Sein Freund zu sein bedeutet also, dass du mehr über die Organisation und ihre Mitarbeiter hörst.

- Die gegenseitige Unterstützung kann euch gemeinsam nach oben tragen. Man sieht das sehr oft: Wenn einer befördert wird, zieht er seinen »best buddy« nach.

So kann eine Beziehung zu deinem Vorgesetzten Vorteile mit sich bringen. Aber die verschwommenen Grenzen zwischen Privat- und Berufsleben können die Dinge im Büro enorm verkomplizieren. Deshalb möchte ich auch die Nachteile nicht verschweigen:

- Es wird schwieriger vom Chef konstruktive Kritik zu bekommen; doch diese ist auf professioneller Ebene von entscheidender Bedeutung, da sie dir hilft, dich weiterzuentwickeln. Wenn dein Chef dein Freund ist, wird er weniger geneigt sein, negatives Feedback zu geben. Wer kritisiert schon gern einen Freund?
- Wird die Zusammenarbeit problematisch, weiß dein Chef persönliche Dinge über dich, die vielleicht nicht mehr »sicher« in seinen Händen sind.
- Eine enge Freundschaft mit deinem Chef kann die Balance des gesamten Teams aus dem Gleichgewicht bringen. Deine Kollegen oder andere Mitarbeiter können eifersüchtig werden und sich ausgeschlossen fühlen. Der Liebling vom Chef bekommt das über Umwege zu spüren und wird vom Rest der Mannschaft ausgeschlossen.
- Wenn die Freundschaft in die Brüche geht, beeinträchtigt das die Arbeitsbeziehung, und kann für die beteiligten Personen übel werden. Es ist schwierig, mit jemandem zu arbeiten, mit dem du einen ernsthaften Konflikt hast.
- Wenn dein Chef gefeuert wird, musst du vielleicht früher oder später auch gehen, da du mit ihm in Zusammenhang gebracht wirst.

VOM FREUND ZUM CHEF

Es ist eine Sache, mit seinem Chef befreundet zu sein. Und eine völlig andere, mit jemandem befreundet zu sein, der dann dein Chef wird. Wenn man sich bereits jahrelang kennt, ergeben sich plötzlich neue Situationen, in denen man sich zurechtfinden muss, darunter auch die Frage des Geldes: Wenn ihr zum Mittagessen ausgeht, teilt ihr die Rechnung? (Und wann kannst du einen ausgeben?) Was passiert, wenn du eine Gehaltserhöhung möchtest? Und was, wenn du diese Lohnerhöhung nicht bekommst? Oder was, wenn die Chemie nicht mehr passt? Ich selber hatte eine gute Freundin, die ich als Freelancerin mit einigen Tätigkeiten im Bereich des Webdesigns beauftragte. Die Zusammenarbeit funktionierte gut und das erste Ergebnis gefiel mir. Als ich später Änderungswünsche äußerte und auch einforderte, schwang die Stimmung um. Sie fühlte, dass ihre Arbeit nicht ausreichend gewürdigt und wertgeschätzt wurde, und fand mich zu fordernd. Privatleben und Berufliches ließen sich nicht mehr trennen. Daran ist unsere Freundschaft zerbrochen. Das hat mich aber nicht davon abgeschreckt, mit Freunden zusammenzuarbeiten. So unterstützt mich zum Beispiel eine meiner engsten und langjährigsten Freundinnen in allen administrativen Sachen als virtuelle Assistentin. Da wir uns schon lange kennen, ist unsere Zusammenarbeit so eingespielt, vertrauensvoll und fantastisch, dass ich mir eine bessere Besetzung für diesen Job nicht vorstellen könnte. Wir ergänzen uns so gut, dass dabei immer wieder neue Ideen entstehen und die Zusammenarbeit uns wirklich Spaß macht.

Um die finanzielle Komponente in der Zusammenarbeit mit Freunden zu managen, sollte man in diesem Punkt so vorgehen, als wäre man mit dem Chef nicht befreundet. Frag ihn, welche Leistung er von dir verlangt, an welchen Kriterien er das misst und was er sich von dir wünscht, um dort hinzugelangen. Wenn du das Gefühl hast, dass du diese Kriterien erfüllst und dich bewiesen hast, solltest du das Thema der Gehaltserhöhung mit ihm besprechen. Außerdem empfiehlt es sich, vor dem Gespräch den fairen Marktpreis zu recherchieren und ihn zur Sprache zu bringen, wenn du nicht das bezahlt bekommst, was deine Arbeit wert ist. Was die Aufteilung der Rechnung betrifft: Wenn ihr über Arbeit sprecht, sollte dein Chef immer zahlen. Aber wenn ihr euch privat trefft, ist es in Ordnung, die Rechnung aufzuteilen oder was immer ihr normalerweise tun würdet.

FREUNDE AUF ZEIT

Auch wenn man der Meinung ist, man hätte mit seinem Chef oder dem Kollegen eine Freundschaft fürs Leben etabliert, weil man vieles gemeinsam erlebt hat, kann dieser Eindruck trügen. Ich bin immer wieder überrascht, welche Freundschaften nach dem Jobwechsel Bestand haben und welche sich einfach so in Luft auflösen. Das hat nichts mit fehlender Menschenkenntnis zu tun, sondern ist normal. Für einige Kollegen zählst du als Mensch mit all deinen Facetten, für andere bist du einfach nur der Kollege. Darüber sollte auch nicht das freundschaftliche Verhältnis hinwegtäuschen. Beim Feierabendbier über die Firma philosophieren kann man genauso gut mit deinem Nachfolger. Die Gefahr, dass du mit deinem Jobwechsel auch deinen Freundeskreis verlierst, ist umso größer, je mehr du auf genau diesen Freundeskreis baust. Schau einfach gut hin, welche Kollegen es wert sind, dass du deine wertvolle Zeit mit ihnen verbringst, und handle selektiv. Qualität anstatt Quantität ist das Ziel.

»PROFI-HACK #20«

GEHEIMNISVOLL MACHT INTERESSANT

Es bietet sich immer an, mit den privaten Informationen bedacht umzugehen. Auch wenn Privatleben und Job zunehmend verschmelzen, solltest du im Blick haben, was Informationen anrichten können. Das eine ist, was du verbal im lockeren Gespräch austauschst, und das andere, was du für alle Ewigkeit für ein unkontrollierbares Publikum im Netz veröffentlichst. Ein lockeres kollegial-privates Verhalten der Kollegen und Mitarbeiter sollte dich nicht darüber hinwegtäuschen, dass Menschen von denselben Motiven und Emotionen beeinflusst oder sogar gesteuert werden wie seit 1000 Jahren: Ego, Neid, Konkurrenz, Geltungssucht, Angst, Ärger, Ekel, Traurigkeit, um nur einige zu nennen.[27] Nicht alle deine Mitmenschen sind dir immer wohlgesonnen und jeder ist sich selbst der Nächste. Agiere deshalb dem Chef und Mitarbeitern gegenüber lieber etwas vorsichtig, ohne zu viel preiszugeben. Geheimnisvolle Menschen wirken sehr anziehend und vertrauenswürdig. Häufig ist weniger einfach mehr.

III. WIE DEINE MITARBEITER DICH ZUM ERFOLG TRAGEN

21. DAS WELTBESTE TEAM

Kennst du die Art von Mitarbeitergesprächen, in denen erst Lob verteilt wird, um dann die meiste Zeit mit deinen Schwächen zu verbringen? Diese werden in aller Ausführlichkeit analysiert und der Chef erzählt dir, wie du diese abstellen kannst und dass du intensiv daran arbeiten musst, da es sonst keine Gehaltserhöhung oder Beförderung geben kann. Ich habe über die Jahre sehr unterschiedliche Schwächen aufgezählt bekommen. Oft auch Eigenschaften, die komplett gegensätzlich waren. Mal war ich zu zurückhaltend, der nächsten Führungskraft dann wieder zu forsch. Was dem einen Chef zu überambitioniert erschien, war dem anderen nicht genug. Jede Führungskraft legte fest, was in ihren Augen eine Stärke und was eine Schwäche von mir war. Immer mit der eigenen Persönlichkeit als Maßstab, an dem sich alle messen lassen müssen.

Albert Einsteins Griechischlehrer prophezeite ihm, dass aus ihm nie etwas Gescheites werden könnte, da er schlecht im Auswendiglernen von Worten und Texten war.[28] Seine Begabung in Naturwissenschaften interessierte den Lehrer nicht, weil er selbst Stärken im Bereich der griechischen Literatur hatte und das auch von Albert Einstein verlangte. Der Lehrer nahm seine Interessen und Fähigkeiten als Richtschnur und verglich die Begabung seines Schülers nur mit seinen Stärken. Das passiert leider auch oft in der Führung. Wenn ich eine durchsetzungsstarke Führungskraft bin, verlange ich das auch von meinen Mitarbeitern, und es ärgert mich, wenn diese in Verhandlungen einknicken. Denn ich finde diese Aufgabe einfach. Wahrscheinlich macht es mir sogar Spaß. Darum aber von mir auf andere zu schließen wäre fahrlässig. Das muss eine gute Führungskraft unbedingt vermeiden. Man kann seine eigenen Stärken nicht auf andere projizieren und diese zum Maßstab für alle machen. Das führt nur dazu, dass ich in den Mitarbeitern überall Schwächen entdecke und diese im Mitarbeitergespräch auspacke.

SCHWÄCHEN ZU SCHWÄCHEN IST ZEITAUFWENDIG

Die Konzentration auf die Schwächen der Mitarbeiter ist Zeitverschwendung. Manche glauben, dass man sich auf die Mängel der Mitarbeiter konzentrieren muss, damit diese verschwinden. Doch wenn der Erfolg ausbleibt, entsteht über Wochen und Monate Frustration auf beiden Seiten. Die Führungskraft ist der Meinung, der Mitarbeiter strengt sich nicht genug an oder verweigert sich. Der wiederum ist genervt, überfordert, gestresst und verliert die Motivation. Niemand möchte ständig seine Schwachpunkte vor Augen gehalten bekommen. Denn es ist schwer, an diesen zu arbeiten. Teilweise ist es sogar unmöglich und oft auch unnötig. Wenn wir im richtigen Job an den für uns passenden Aufgaben arbeiten, spielen unsere Schwächen gar keine Rolle mehr. Stattdessen kommen unsere Stärken zum Tragen und wir können die an uns gestellten Erwartungen mit Leichtigkeit erfüllen.

Genau hier liegt die Aufgabe von dir als Führungskraft. Erkenne die Stärken deiner Mitarbeiter und setze sie entsprechend ein.

Die Zusammensetzung deines Teams macht den Unterschied zwischen einem erfolgreichen und weniger erfolgreichen Team.

Du wirst feststellen, dass ein oder mehrere Mitarbeiter im Team an einer Stelle sitzen, auf der sie eine absolute Fehlbesetzung darstellen. Mitarbeiter, die Schwierigkeiten mit Kundenkontakt haben, werden sich im Verkauf nie wohl fühlen und dort nicht ihr Potenzial entfalten. Umgekehrt werden dir Mitarbeiter, die den Kundenkontakt lieben, im Innendienst eingehen wie Primeln. Die beste Weiterbildung macht aus einem Kätzchen keinen Tiger und aus einem zuverlässigen Controller keinen charismatischen Verkäufer. Genau deshalb musst du die Stärken der Mitarbeiter herausfinden und diese für dich nutzen. Im Idealfall ergänzen sich die Stärken und Schwächen der Mitarbeiter sogar. Diese zusammenzubringen und aus ihnen ein Gewinnerteam zu machen, ist die hohe Kunst der Führung.

Vor einigen Jahren, hatte eine meiner Mitarbeiterinnen Startschwierigkeiten. Die Prozesse der Firma waren komplex. Sie stieß mit ihrem Fachwissen schnell an Grenzen. Aber sie hatte ein solides selbstbewusstes Auftreten und konnte sich durchsetzen. Gleichzeitig hatte ich eine Mitarbeiterin im Team, die fachlich ein Ass war. Durch ihre langjährige Firmenzugehörigkeit kannte sie die Prozesse in- und auswendig. Ihre Schwäche war ihr bescheidenes und zurückhaltendes Auftreten. Sie versuchte es immer recht zu machen. Dadurch konnte sie unsinnige Anforderungen der Fachabteilungen nur schwer zurückzuweisen und versank regelrecht in Arbeit. Die Lösung lag auf der Hand. Ich packte die beiden als fachliches Team zusammen. Rambo and the Brain. Die eine Mitarbeiterin beurteilte die Anfragen fachlich, um sie zu qualifizieren. Die andere stieg in den Ring, um diese zu verteidigen oder (wenn nötig) abzuschmettern. Die Schwächen der Mitarbeiterinnen auszumerzen wäre mir wahrscheinlich nie gelungen. Ihre Stärken zu kombinieren sorgte dafür, dass die Schwächen entkräftet wurden. Genau das empfehle ich dir zu nutzen. Konzentriere dich auf die Stärken deiner Mitarbeiter. Jeder hat Vorzüge, die irgendwo benötigt werden. Wenn ein Mitarbeiter dir sagt: »Ach, das war doch ganz leicht« oder »Das war doch nichts«, dann werde hellhörig. Er hat etwas mit Leichtigkeit erledigt, woran ein anderer Kollege vielleicht verzweifelt wäre. Setze das gewinnbringend für das ganze Team ein.

»Jeder ist ein Genie! Aber wenn du einen Fisch danach beurteilst, ob er auf einen Baum klettern kann, wird er sein ganzes Leben glauben, dass er dumm ist.«

ALBERT EINSTEIN

AUF DIE ZUSAMMENSETZUNG KOMMT ES AN

Nicht nur die Stärken der Mitarbeiter sind von Bedeutung. Auch die gute Zusammensetzung ist ein Erfolgsfaktor. Das gemischte Teams von Frauen und Männern überdurchschnittlich erfolgreich sind, hat eine Studie von McKinsey schon im Jahr 2007 ans Licht gebracht[29] und ist damit ein alter Hut. Die deutschen Unternehmen suchen seit Jahren händeringend nach Frauen im Topmanagement, damit sich auch ihre Profitabilität verbessert. Das wissen wir längst. Gemischte Teams sind heute eher die Normalität als die Ausnahme. Es gibt allerdings noch weitere Faktoren, die im Bewusstsein der Führungskräfte noch nicht angekommen sind und die du bei deiner Personalauswahl berücksichtigen solltest. Chefs tendieren nämlich bei Einstellungsgesprächen dazu, Mitarbeiter einzustellen, die ihnen selbst sehr ähnlich sind. Das liegt in der Natur des Menschen und passiert unbewusst. Es fühlt sich besser an, jemanden einzustellen, der einem ähnlich ist. Denn sich selbst kennt man schließlich am besten. Häufig stellt eine Führungskraft nur Mitarbeiter ein, die wie sie ticken. Mit einem ähnlichen Lebenslauf, den gleichen Hobbys, denselben Wertvorstellungen sowie mit deckungsgleichen Stärken und Schwächen. Die Führungskraft hat dann ein homogenes Team (aus lauter Kopien seiner selbst), in dem nichts mehr ausgeglichen werden kann. Im Gegenteil. Das fördert das vom Psychologen Irving Janis geprägte »Group-Thinking«. Ein Phänomen, das durch einheitliches Denken, geringe Kreativität, Fortsetzen von eingespielten Lösungen (auch bei offensichtlicher Dysfunktionalität) und Repression von Andersdenkenden gekennzeichnet ist. Diese Form von Gleichförmigkeit kann zu sehr schlechten Entscheidungen führen, die manchmal sogar Leben kosten können. So geschah es 1941 in Pearl Habor (Hawaii). Die Vereinigten Staaten hatten japanische Nachrichten abgefangen und entdeckt, dass die Japaner sich irgendwo im Pazifischen Ozean für einen Offensivangriff rüsteten. Die auf Hawaii stationierten Offiziere wurden davor gewarnt, nahmen diesen Alarm aber nicht ernst. Die Gruppendiskussionen am Stützpunkt führten die leitenden Offiziere zu dem Schluss, dass das nicht möglich sei. Sie glaubten, ein Angriff der Japaner wäre völlig irrational und absurd. Ihr übermäßiges Selbstvertrauen sorgte dafür, dass die Gruppe von ihren Schlussfolgerungen überzeugt war und keine anderen Möglichkeiten zuließ. Der tragische Ausgang des Geschehens ist allgemein bekannt, und der Angriff von Pearl Harbour findet sich in den Geschichtsbüchern wieder.

Damit dir dein Team nicht in kritischen Situationen so aus dem Ruder läuft, stelle ich dir ein paar Kriterien vor, die du bei deiner nächsten Personalauswahl im Kopf behalten darfst, um das Phänomen des »Group-Thinkings« zu verhindern.

- **INTROVERTIERT UND EXTROVERTIERT:** Ein Team braucht sowohl introvertierte Mitarbeiter, die gut konzentriert arbeiten, zuhören und die Impulse von Kollegen aufgreifen können, als auch extrovertierte Mitarbeiter, denen Teamwork, Austausch und Kollaboration gut liegen und die ihre introvertierten Kollegen mit Leichtigkeit zu neuen Herausforderungen motivieren können.
- **STRATEGEN UND UMSETZER:** Es gibt immer Mitarbeiter, die lieber am Konzept und der Strategie feilen, und andere, die lieber die Ärmel hochkrempeln und umsetzen. Das eine geht nicht ohne das andere. Du brauchst eine gute und vor allem eine für deinen Verantwortungsbereich passende Mischung davon.

- **MARATHONLÄUFER UND SPRINTER:** Du brauchst die Mitarbeiter für den schnellen, kurzen Sprint und die für die gemächliche und monotone Langstrecke. Teammitglieder, die begeistern und neue Projekte initiieren können, und andere mit Durchhaltevermögen und Ausdauer, um die ersten auch durch die Ziellinie zu bringen.
- **VOM GROSSEN GANZEN INS DETAIL:** Wichtig sind Mitarbeiter, die Ideen und Aufgaben grob umreißen können, und andere, die perfektionistisch bis ins Detail alles planen. Die einen sorgen für die Struktur und die anderen dafür, dass alle Inhalte passen.
- **STARS UND STERNCHEN:** Ein kreatives Team darf laut einer Studie von Wall-Street-Analysten zu maximal 50 bis 65 Prozent aus Stars bestehen. Gruppen mit zu vielen Leistungsträgern und hellen Köpfen sind weniger effektiv. Die sogenannten Stars können Einzelaufgaben besser erledigen, funktionieren aber schlechter in Teamarbeit. Ihr Ego steht ihnen im Weg.
- **OPTIMISTEN UND BEDENKENTRÄGER:** Mitarbeiter, die in allem eine Chance sehen, brauchen konservative Bedenkenträger als Gegengewicht, um neue Ideen komplett zu durchdenken. Dabei können interessante Diskussionen entstehen.

Alle erfüllen ihren Zweck. Je diverser du dein Team zusammenstellst, desto besser. Komplementarität ist erfolgreicher als Replikation. Es geht darum, miteinander zu arbeiten, statt gegeneinander zu konkurrieren.

Dafür braucht es aber auch Spielregeln, damit das heterogene Team performt, anstatt sich in Konflikten zu verlieren. Du als Führungskraft solltest eine Umgebung schaffen, in der die Mitarbeiter keine Angst haben, Bedenken zu äußern oder Fehler zu machen.

»PROFI-HACK #21«

DIE GEHEIME SUPERKRAFT

Eine wichtige und entscheidende Rolle für den Erfolg von heterogenen Teams bildet das Verständnis für die Chancen und die Akzeptanz der Unterschiedlichkeit. Hier liegt der größte Sprengstoff in gemischten Teams und das meiste Konfliktpotenzial. Als Führungskraft hast du das in der Hand und kannst immer wieder vermitteln und auf die jeweiligen Vorzüge hinweisen. Am Ende wird dir der Erfolg den Weg weisen. Du wirst sehen, wie sehr sich die Mühe lohnt. Nur wer das Wissen über die geheime Superkraft von gemischten Teams hat, ist in der Lage, diese auch zusammenzustellen.

22. SEI EIN EGOIST, DIENE DEINEN MITARBEITERN

Die Mitarbeiter von heute möchten eher einen Förderer als einen Leader zum Chef. Hier kommen die herkömmlichen Führungsstile (von denen ich übrigens nicht so viel halte) an ihre Grenzen. Die Bedingungen in der Arbeitswelt ändern sich viel zu schnell, als dass ich mich auf einen Führungsstil festlegen könnte. Das ist zu limitierend. Es kommt immer auf die Situation an, ob ich einen kooperativen, demokratischen oder partizipativen Stil einschlage. Jeder Mitarbeiter und jede Managementsituation ist anders und das erfordert neue Herangehensweisen von Führungskräften. Dies führt mich zu einem Ansatz der Mitarbeiterführung, der, im Gegensatz zu Amerika, in Deutschland selten praktiziert wird: »Servant Leadership«. Übersetzt: Dienende Führung. Das ist nichts grundsätzlich Neues, denn es gibt diese Form der Führung seit dem Beginn der Menschheit. Wir können in zahlreichen Schriften Geschichten von Menschen finden, die gelebt haben, um anderen zu dienen. Lao-Tse machte im 6. Jahrhundert v. Chr. die folgende Beobachtung zur Führung, die heute noch zutrifft: Das ist der beste Führer, dessen Leute sagen, wenn er sie ans Ziel geführt hat: »Wir selbst haben den Erfolg zustande gebracht.«

In der Neuzeit schuf Robert Greenleaf den Ausdruck »Servant Leadership«. Selbst war er jahrzehntelang Topmanager und tief beeindruckt von Hermann Hesses *Morgenlandfahrt*. Diese handelt von einer Gruppe Menschen, die in ein neues Land reisen. Begleitet werden sie von ihrem Diener Leo, der Lieder singt und sich um sie kümmert. Während der Reise verschwindet Leo. Die Gruppe kämpft darum, zusammenzubleiben und löst sich schließlich auf. Am Ende wird klar, dass Leo, der Diener, die Morgenlandfahrt zusammengehalten hat. Er war der Servant Leader.

Inspiriert von Leos Charakter erkennt Greenleaf, dass der Schlüssel zur Führerschaft im »Dienen« liegt, und veröffentlichte 1970 sein wohl berühmtestes Essay, »The Servant as Leader«. Bei der dienenden Führung werden nicht bestimmte Regeln eingehalten, sondern es geht um die eigene Einstellung, mit der du deine Führungsrolle angehst. Der eigene unmittelbare Nutzen wird dem Wohl der Geführten und der Organisation untergeordnet. Je höher man in die Führung aufsteigt, desto mehr Menschen kann man dienen. Das widerspricht der Vorstellung, dass eine ranghohe Führungskraft viele Mitarbeiter hat, die ihr dienen. Man kann es mit der Rolle eines Gastgebers vergleichen: Er sorgt für seine Besucher, ordnet sich ihnen freiwillig unter, bestimmt aber auch den Rahmen und die Regeln. Denn es ist ja seine Veranstaltung. Je größer die Party, desto mehr Gäste gibt es zu bewirten.

Servant Leadership ist keine Managementtechnik, sondern eine Grundhaltung. Einige Charakterzüge dienender Führer sind:

- Sorgfältiges Zuhören – Verständnis für die Ziele und Probleme jedes Mitarbeiters
- Einfühlungsvermögen – andere verstehen und Menschen nicht zu ungeeigneten Aufgaben und Aktivitäten zwingen
- Bewusstsein über sich selbst und andere
- Überzeugungskraft — Engagement und wachsende Bereitschaft
- Idee – Sicherstellen der richtigen Ziele und des richtigen Handelns bei der Verfolgung dieser Ziele
- Voraussicht – Weisheit und Erfahrung
- Engagement für den Erfolg, das Wachstum und die Entwicklung deiner Mitarbeiter
- Die Fähigkeit, eine Gemeinschaft aufzubauen oder eine Bewegung zu gründen

Einer der Vorteile dieses Vorgehens ist, dass es die Moral fördert. Die Mitarbeiter fühlen sich geschätzt und wissen, dass man sich um sie kümmert. Das inspiriert sie, mit mehr Enthusiasmus zu arbeiten und den Kunden zu dienen, was dem Endergebnis zugutekommt. Ein weiterer Vorteil ist die Betonung der kooperativen Entscheidungsfindung am Arbeitsplatz. Wenn du deinen Mitarbeitern zuhörst, statt davon auszugehen, dass du alle Antworten hast, kannst du (und auch deine Mitarbeiter) viel lernen. Die Mitarbeiter an der Front verstehen oft besser als das obere Management, was sie brauchen. Ein dritter Vorteil ist, dass dienende Führung schwer vorzutäuschen ist. Diesem Modell gerecht zu werden, ist eine ernsthafte Verpflichtung. Führungskräfte, die nicht aufrichtig dienen, werden es schwer haben, Mitarbeiter lange Zeit zum Narren zu halten. Dienende Führungspersönlichkeiten heben sich von der Masse ab.

ALLES HAT SEINE GRENZEN

Servant Leadership bedeutet übrigens nicht die Unterordnung der Führungskraft unter ihre Mitarbeiter. Noch weniger beinhaltet sie einen Verzicht auf notwendige, für die Mitarbeiter jedoch unangenehme, Maßnahmen. Diese sind und bleiben Teil der Führungsaufgaben innerhalb der Organisation. Natürlich müssen bei allem Fokus auf den Mitarbeitern auch die Interessen der Firma, Eigentümer und des Topmanagements berücksichtigt werden. Als Servant Leader musst du die Lücken zur Erfüllung der Unternehmensstrategie erkennen. Du musst dein Team auffordern, diese Lücken zu schließen, indem du ihnen hilfst und sie dabei unterstützt. Servant Leaders dienen zwar in erster Linie den Eigentümern und der obersten Führungsebene, aber sie befassen sich mit den praktischen Dingen rund um den spezifischen Teil, mit

»Das ist der beste Führer, dessen Leute sagen, wenn er sie ans Ziel geführt hat: ›Wir selbst haben den Erfolg zustande gebracht.‹«

LAO-TSE

dem sie betraut wurden. Sie stellen die Bedürfnisse des Teams in den Vordergrund und befassen sich mit ihnen.

So habe ich immer dafür gesorgt, dass mein Team alle für sie wichtigen Weiterbildungen, Tagungen und Konferenzen besuchen kann, damit sie ihren Job bestmöglich erfüllen können. Auch wenn es mittlerweile virtuelle Kurse gibt und sich Mitarbeiter im Selbststudium viel beibringen können, ist es eine andere Sache, auf eine Präsenzveranstaltung zu gehen. Die Interaktion mit dem Trainer, der Tapetenwechsel und auch die neuen Kontakte, die man dabei knüpfen kann, sind inspirierend und für einen praktischen Erfahrungsaustausch hilfreich. Doch alles hat seine Grenzen und diese musst du natürlich erkennen.

Ich hatte einmal einen Mitarbeiter im Team, der sehr leistungsschwach war. Ich versuchte, ihn über Monate hinweg zu coachen, stellte ihm einen Kollegen als Mentor zur Seite und verwendete viel Zeit in seine Weiterentwicklung. Jedoch waren keine großen Veränderungen sichtbar. Die Ergebnisse waren nach wie vor unterdurchschnittlich. Der Mitarbeiter war im falschen Job. Trotzdem kam er mit der Idee einer mehrwöchigen Weiterbildungsmaßnahme. Da diese nicht ganz günstig war, bat er um finanzielle Unterstützung. Hier habe ich eine Grenze gesetzt und die Fortbildung nicht unterstützt. Es war offensichtlich, dass diese Maßnahme ihn nicht vorangebracht hätte. Es waren nicht die fachlichen Themen oder ein Abschluss, der ihm fehlte, sondern die innere Einstellung passte nicht zum Job. Der Mitarbeiter war nur bereit zu nehmen und gab nichts zurück. Hier kam der Ansatz des Servant Leadership an seine Grenzen.

In manchen Firmen wird dieser Stil auch gar nicht funktionieren. Vor allem in Unternehmen mit konservativen und traditionellen Werten wird es beim Management auf Unverständnis stoßen, wenn du dich in den Dienst deiner Mitarbeiter stellst. Das fordert andere Führungskräfte zu einer Nachahmung auf, für die sie nicht bereit sind. Was nicht heißt, dass du den Ansatz nicht trotzdem fahren kannst. Du musst dich dann auch anderer Methoden bedienen, um dich gegen die Kollegen und den eigenen Vorgesetzten abgrenzen zu können und nicht emotional auszubrennen. Denn Einfühlungsvermögen ist eine begrenzte Ressource. Psychologische Studien deuten darauf hin, dass zu viel davon zu Burn-out führen kann. Einen Teil von sich selbst an andere weiterzugeben – und dies immer wieder mit wenig oder keiner Erwartung auf Gegenseitigkeit – kann emotional anstrengend sein. Dem muss ein Ausgleich entgegengesetzt werden.

»PROFI-HACK #22«

KAFFEE HOLEN IST AUCH LEADERSHIP

Ich praktiziere Servant Leadership schon seit Jahren, indem ich mich jeden Tag frage: Was kann ich dazu beitragen, dass mein Team heute die besten Resultate bringen kann? Braucht ein Mitarbeiter ein neues Equipment, ein Tool, das wir noch nicht haben, oder einen neuen Bürostuhl? Vielleicht braucht er nur ein offenes Ohr und einen Sparringspartner als Vorbereitung für eine wichtige Präsentation? Die Rolle als Führungskraft muss jeder für sich definieren und dabei auch die eigenen Grenzen setzen. Am Ende geht es immer darum, dass die Mitarbeiter die besten Resultate erbringen können. Dafür musst du als Führungskraft Sorge tragen. Selbst, wenn dabei auch nur die Tasse Kaffee hilft, die du deinem Mitarbeiter an den Platz bringst.

23. FAIL, BUT FAIL FAST

Wenn man die Mitarbeiter im Unternehmen befragt, was sie sich an Verbesserung wünschen, kommt häufig diese Antwort: »Ein besserer Umgang mit Fehlern.«

Der Wunsch nach einer gesunden Fehlerkultur ist fast in jedem Unternehmen zu hören und scheint viele Menschen umzutreiben. Fehler sind menschlich, möchte man meinen. Doch ist genau das eine der Kernforderungen der Mitarbeiter im Umgang mit Fehlern: mehr Menschlichkeit. Hier lohnt sich ein genauer Blick. Was steht hinter dieser Forderung? Wird sie von allen Mitarbeitern gleichermaßen erhoben?

Eine Studie der Unternehmensberatung Ernst and Young aus dem Jahr 2018 hat ermittelt, dass es eine unterschiedliche Wahrnehmung im Umgang mit Fehlern zwischen Mitarbeitern und Vorgesetzten gibt. 66 Prozent der 218 von Ernst and Young befragten Führungskräfte gaben an, in ihren Unternehmen würde eine offene Diskussionskultur zwischen Mitarbeitern und Vorgesetzten herrschen. Aber nur 42 Prozent der 800 befragten Mitarbeiter sahen das genauso. 18 Prozent der Mitarbeiter gaben sogar an, dass Fehler in ihrem Unternehmen überhaupt nicht besprochen würden.

Die größte Hürde ist dabei die Angst vor der Reaktion des Vorgesetzten. Schon bei den alten Griechen wurde der Überbringer von schlechten Nachrichten geköpft. Der Bote wurde damit identifiziert und umgebracht.

Auch heute hat dieses Phänomen noch bestand. Der Überbringer der schlechten Nachricht kann seine Stellung beim Chef gefährden, seine Karriere ruinieren oder seinen Job verlieren. Das alles ist nicht ausgeschlossen. Die Ängste sind real. Aus Angst werden Fehler unter den Teppich gekehrt, Misserfolge schöngeredet und erfolglose Projekte endlos weitergeführt – und zwar in der Hoffnung, dass es niemandem auffällt. Sich ein Scheitern einzugestehen ist schmerzhaft, vor allem je länger der Prozess anhält. Doch Fehler zu verstecken kostet Kraft und Energie. Deshalb ist es besser, so früh wie möglich die Reißleine zu ziehen. Jetzt heißt es »Fail fast«. Also schnell genug scheitern, um das nächste Projekt anzugehen und vielleicht damit erfolgreich zu werden und nicht Unmengen an Geld zu versenken.

DER UMGANG MIT FEHLERN MACHT DEN UNTERSCHIED

Viele Führungskräfte haben nicht gelernt, wie sie mit Fehlern umgehen. Ich habe häufig erlebt, dass nicht nach der Ursache oder Lösung, sondern erst nach dem Schuldigen gesucht wird. Ganz nach dem Motto: »cover your a××«. Erst wenn der Sündenbock gefunden ist, wird mit der Problemlösung begonnen. In einer solchen Atmosphäre kann keine gesunde Fehlerkultur entstehen. Das wird es auch niemals. Da nützt es nichts, wenn der offene Umgang mit Fehlern in der Firmenstrategie festgeschrieben ist. Fehlerkultur muss gelebt werden, um Fehlerbashing zu unterbinden.

Ich habe das während meiner Tätigkeit für einen der größten amerikanischen Konzerne erleben dürfen. Dort galt die Devise: Es gibt keine Probleme, sondern nur Herausforderungen. Immer wurde nach der Lösung gesucht und nicht nach dem »Schuldigen«. Auch bei der größten Herausforderung zählte der Teamspirit. Der konstruktive Umgang mit Fehlern machte einen großen Unterschied im Vergleich zu anderen Firmen. Auch hier waren Fehler nichts Wünschenswertes. Doch anstatt den Kopf in den Sand zu stecken und zu hoffen, dass sich der Sturm der »Hinrichtungen« schnell legt, wurde jeder Fehler als Chance für Verbesserung gesehen. Die Frage war dann: Was müssen wir tun, damit uns das nicht noch einmal passiert? Was können wir daraus lernen?

Genau daran fehlt es den meisten Firmen ohne Fehlerkultur. Es fehlt an Methodenwissen und Erfahrung im konstruktiven Umgang mit Fehlschlägen. Viele Firmen können mit dem Begriff Fehlerkultur überhaupt gar nichts anfangen und Fehler werden nach wie vor abgestraft.

FEHLER NICHT WIEDERHOLEN

Lass dich davon nicht beeindrucken und entwickle eine Fehlerkultur in deinem Team. Sorge dafür, dass deine Tür als Führungskraft offen steht für deine Mitarbeiter. Wenn etwas schiefläuft und deine Mitarbeiter daran Schuld tragen, kümmere dich zuerst um die Lösung. Erst danach solltest du dich um den Verursacher kümmern, und mit kümmern meine ich nicht, dass der Mitarbeiter bestraft oder »hingerichtet« wird. Nein, es geht darum, sachlich und verständnisvoll zu besprechen und Sorge zu tragen, dass der Mitarbeiter den Fehler erkannt hat und weiß, was er in Zukunft anders machen muss. Denn du willst nicht, dass der Fehler sich wiederholt. Das gilt für kleine als auch für große Fehler.

Vor einigen Jahren begann einer meiner Arbeitstage mit einer Vollkatastrophe. Die Produktiv-Setzung eines Software-Updates war schiefgegangen. Trotz gründlicher Tests hatte der zuständige Mitarbeiter eine kleine, aber wichtige Stelle im Programm innerhalb der Tests nicht berücksichtigt. Diese fehlende Achtsamkeit sorgte für eine Kettenreaktion in der Systemlandschaft und hatte sich in wenigen Stunden verselbstständigt. Es gipfelte darin, dass Hunderte Mitarbeiter im System versehentlich gesperrt wurden.

»Der Fisch stinkt vom Kopf her.«

Diese Mitarbeiter kamen nicht mehr durch die elektronische Türsperre, konnten sich nicht auf ihren Rechnern anmelden und somit auch nicht mehr arbeiten. Ein absoluter Super-GAU mit einer hohen und in diesem Fall unerwünschten Sichtbarkeit. Die reflexartige Frage nach dem Schuldigen kam so schnell, wie man es sich nur vorstellen kann. Mein Telefon klingelte Sturm. Doch diese Frage musste ich erst einmal zurückstellen und Ruhe bewahren. Den Fehler zu finden hatte oberste Priorität. Mit dieser Strategie war in wenigen Stunden der Fehler gefunden und behoben. Rumschreien und Panikmache hätten kontraproduktiv gewirkt. Ein kühler Kopf, der im Krisenmodus Ruhe ausstrahlen kann, ist wesentlich mehr wert. Doch stand immer noch im Raum: »Wer hatte daran Schuld?«

Nach mehreren Analysen stellte sich heraus, dass nicht nur eine Person oder eine Abteilung für das Chaos verantwortlich war. Vielmehr war es ein Zusammenspiel aus mehreren Fehlern, die zu dem Folgeeffekt geführt hatten. Die Erkenntnis hat mich nicht überrascht und auch nicht großartig vorangebracht. Die Frage nach dem Schuldigen war wie so oft reine Zeitverschwendung. Die wirklich wichtige Frage war: Was muss getan werden, damit dieser Fehler nicht noch einmal auftreten kann? Denn wenn das passiert, ist es Fahrlässigkeit.

NIEMAND IST VOLLKOMMEN – AUCH DU NICHT

Du wirst Fehler machen. Das ist völlig klar. Auch du bist nur ein Mensch aus Fleisch und Blut. Doch ist es für Führungskräfte schwer, Fehler einzugestehen. Sie fürchten sich vor dem Gesichtsverlust vor ihren Mitarbeitern, als Versager dazustehen und den Respekt ihrer Leute zu verlieren. Wer aus dieser Angst heraus nach dem Motto handelt »Wer Fehler in meiner Arbeit findet, darf sie für sich behalten!«, der macht schon den ersten fatalen Fehler. Hier ist keine Offenheit vorhanden, um das Vertrauen der Mitarbeiter zu gewinnen. Wahre Größe und Kompetenz beweist, wer offen für konstruktive Kritik ist und sich nicht scheut, eine Entscheidung rückgängig zu machen. So gewinnt man als Vorgesetzter Glaubwürdigkeit und Vertrauen. Immer hilfreich ist es, zu erklären, wie der Fehler entstanden ist.

Leider denken viele Führungskräfte, dass alle ihre Handlungen und Entscheidungen wasserdicht sein müssen. Fehler werden vertuscht und verschwiegen und Meinungsänderungen nicht mehr zugelassen. Wie schade. Denn bei der Fehlerkultur stinkt der Fisch vom Kopf her. Du als Chef darfst Flexibilität beweisen, wenn du merkst, dass deine Entscheidung oder Einschätzung nicht richtig war. Ein Kurswechsel mit guten Argumenten ist tausendmal besser als eine vertuschte Fehlentscheidung. Steh zu deinen Fehlern, und wenn nötig, entschuldige dich dafür. Das macht dich nahbar und menschlich.

»PROFI-HACK #23«

EMBRACE FAILURE

Wenn Fehler erlaubt sind und niemand dafür gesteinigt wird, erleben Mitarbeiter das als bereichernd. Auch wenn es schwerfällt, versuche immer das Positive an Fehlern zu finden und was ihr als Team daraus lernen könnt. Konzentriere dich auf die Lösungen. Wo gehobelt wird, da fallen Späne und es treten Fehler auf. Wenn Fehler passieren, vertusche diese nicht. Hole alle Beteiligten an einen Tisch, um gemeinsam an Lösungen zu arbeiten. Vergiss Bashing oder Fingerpointing der vermeintlich Schuldigen. Das ist vergeudete Zeit und Energie. Stattdessen umarme das Scheitern! Kennst du das Konzept von Fuck-up-Nights oder Ooops-Days? Hier dürfen Mitarbeiter ihre gescheiterten Ideen und Projekte vorstellen und werden dafür gefeiert. Im besten Fall steht die Führungskraft mit ihrer Story zuerst auf der Bühne. Das ist innovativ! So hat keiner mehr Angst vor Fehlern, sondern alle lernen daraus und verneigen sich vor dem Mut der Vortragenden.

24. ALL IN OR NOTHING

Es gibt Situationen im Berufsleben, die verlangen nach absoluter Entschlossenheit und 100 Prozent Überzeugungskraft. Situationen, in denen es nur eine Wahrheit gibt. Entweder Schwarz oder Weiß. Entweder Leben oder Tod. All in or nothing.

Projekte, die dich deinen Kopf kosten können, oder durch die du zum nächsten Messias gekrönt wirst. Es geht um Sieg oder Niederlage. Dazwischen existiert nichts. Doch in den Krieg zieht niemand, der bei Verstand ist, allein. Dafür brauchst du eine schlagkräftige Mannschaft, und nicht nur irgendeine. Du brauchst ein kampfbereites Team, das geschlossen hinter dir steht. Eine Chef-Ansage allein wird das nicht erreichen.

Die Frage lautet deshalb: Wie bekommst du deine Mitarbeiter für dieses Wagnis an Bord? Wie überzeugst du die Angsthasen davon, dass der Kampf sich lohnen wird? Wie bekommst du das 100-prozentige Commitment, das diese Mission erfordert? Wie sorgst du dafür, dass alle durchhalten?

WHAT'S IN IT FOR ME?

Wenn du versuchst, deine Mitarbeiter für eine gewagte Mission zu überzeugen, fragen sich diese immer zuerst: Was habe ich davon? Warum sollte ich mitmachen?

Ich wollte einmal unbedingt ein Projekt starten, das eine absolut neue Technologie auf dem Markt war. Es hatten sich nur wenige Unternehmen daran ausprobiert. Dementsprechend gab es kaum Erfahrung damit. Dennoch war es die Technologie der Zukunft und würde ganze Unternehmen, die kommenden zehn bis zwanzig Jahre beschäftigen. Auf jeder Konferenz, die ich zu dieser Zeit besuchte, wurde darüber gesprochen. Kunden überlegten, wann der beste Zeitpunkt war, diese einzuführen.

Ist man Early Adapter oder der späte Nachzügler? Für mich war klar: Ich wollte ganz vorn mit dabei sein und die Erfahrung als eine der Ersten machen. Ich wusste, das würde mir und meinem Team einen Wissensvorsprung verschaffen und unseren Marktwert erhöhen, was in schwierigen Zeiten nützlich werden könnte. Genau das war der erste Punkt, den ich für die Überzeugung meiner Mitarbeiter für dieses Unterfangen sammelte. Mein komplettes Team und ich hätten jederzeit in die IT-Abteilung des Mutterkonzerns integriert werden können. Das hätte für einige auch den Verlust des Arbeitsplatzes bedeutet. Bisher hatte uns immer unser einzigartiges Know-how davor bewahrt. Das war unser Alleinstellungsmerkmal. Innerhalb des Konzerns waren wir nicht so einfach austauschbar. Doch so etwas währt nicht ewig. Jeder Vorsprung lässt sich aufholen, erst recht, wenn man sich in Sicherheit wiegt. Das war eine einmalige Chance. Ich war mir bewusst, dass es für viele Jahre die letzte sein würde, wenn wir diese verpassten. Genau hier habe ich angesetzt. Wenn die Mitarbeiter bei diesem Projekt mitmachen würden, bekämen sie einen enormen Wissensvorsprung, der für die Sicherung ihres Arbeitsplatzes und unserer Abteilung einen großen Beitrag leisten würde. Damit hatte ich bereits 50 Prozent der Mitarbeiter an Bord. Vor allem die Mitarbeiter mit großem Sicherheitsbedürfnis. Doch das alleine genügte nicht. Ich benötigte auch die restliche Hälfte.

KEIN WAGNIS OHNE RISIKO

Dafür musst du so transparent wie möglich kommunizieren. Die Mitarbeiter müssen dir vertrauen und das Gefühl haben, du erzählst die Wahrheit. Das funktioniert am besten, wenn du offen und ehrlich über mögliche Risiken informierst.

So bin ich selbst vorgegangen. Wir hätten das Projekt nicht unbedingt machen müssen. Es war gewagt und es bestand ein hohes Risiko, dass wir es in den Sand setzen würden. Uns fehlte schlichtweg die Erfahrung. Zudem würden wir mehr Budget benötigen, um diese fehlende Erfahrung zu kompensieren. Darum musste das Management überzeugt werden. Schlimmstenfalls, dessen war ich mir bewusst, würde es mich meinen Job kosten. Meine Vorüberlegungen waren abgeschlossen. Jetzt blieb nur noch die Frage offen: Wann und wie bringe ich es dem Team bei?

In einem Teammeeting, bei dem ich die wichtigsten Projekte durchsprach, offenbarte ich meine gewagte Idee. Allein der Gedanke daran wirkte absurd für mich. Einmal ausgesprochen, entfaltetet er eine noch ungeahntere Kraft. Mein Team sah mich sprachlos an. Ein Mitarbeiter stand auf und verließ den Raum mit den Worten: »Das ist verrückt, ich mach da nicht mit«. Nachdem die Idee langsam eingesickert war, begann eine fruchtbare Diskussion. Mitarbeiter in der IT lieben neue Technologien. Das ist ihr Job. Genau darauf hatte ich gebaut. Die Neugierde, ob es funktionieren könnte, ist ihnen angeboren. Aber auch hier gibt es Skeptiker und Bedenkenträger. Ihre Rolle im Team ist wichtig, damit Risiken von allen Seiten beleuchtet werden (siehe auch Kapitel 21). Die Pessimisten diskutierten mit den Optimisten, ob es wirklich umsetzbar wäre und was die technologischen Risiken wären. Es wurde ausgelotet, wer warum blockierte und ob die Hürden realistisch waren. Ängste wurden gehört und ernst genommen. Aber auch die Chancen wurden gesehen.

Als wir uns einige Zeit später fragten, wie man diese total verrückte Idee verkaufen könnte, um mehr Budget zu bekommen, tauchte auch der getürmte Mitarbeiter wieder auf. Mit den Worten »Lasst hören, wie das funktionieren soll«, setzte er sich zu uns. Wir brainstormten zusammen und entwarfen einen gemeinsamen Plan.

ALLES AUF EINE KARTE

Zum Schluss hatte ich alle an Bord, musste aber, um sicher zu sein, das Commitment einholen. Ich wollte hören, dass alle mitmachen, damit später niemand behaupten würde: »Ich wusste von Anfang an, dass das nicht funktioniert.« Ich brauchte ein lautes »Ja« von allen Seiten. Also stellte ich dem versammelten Team ein Ultimatum: »Entweder es sind alle davon überzeugt und ziehen mit oder wir lassen es. Wer jetzt ein schlechtes Gefühl hat und nicht mitzieht, verlässt den Raum und die Idee ist gestorben. Niemand außerhalb dieses Raumes wird je davon erfahren und es wird auch niemand dafür an den Pranger gestellt. Wenn ihr aber hierbleibt, dann seid ihr mit im Boot. Egal, wie stürmisch die Reise wird, einmal abgelegt, gibt es kein Zurück mehr.« Es schauten sich alle in die Augen. Niemand verließ den Raum. Wir haben zuerst uns selbst überzeugt, danach das Management und dann die Sache durchgezogen. Es wurde ein erfolgreiches und geräuschloses Projekt, das enormen Spaß gemacht hat. Wir bekamen jede Menge Anerkennung und hatten konzernweit Strahlkraft erzeugt. Ich war so stolz auf mein Team und die Leistung, die wir zusammen erbracht hatten. Wir hatten uns getraut, alles auf eine Karte gesetzt und phänomenal gewonnen.

»PROFI-HACK #24«

WERDE NICHT ZUM BEIFAHRER

Du wirst mit einem Leuchtturmprojekt immer Kollegen auf den Plan rufen, die dir den Erfolg neiden und dich lieber scheitern sehen. Vor allem in großen Konzernen ist das die Normalität und keine Ausnahme. Neider können gefährlich werden, vor allem wenn sie zu den wichtigen Entscheidern im Unternehmen gut vernetzt sind. Zudem werden Kollegen, die sehen, dass dein Projekt gute Chancen auf Erfolg hat, versuchen aufzuspringen. Die sogenannten Trittbrettfahrer. Sie sind selbst nicht in der Lage, Ideen zu entwickeln und wollen keine Energie dafür aufwenden. Meist haben sie eine geringe Arbeitsmoral. Sie leisten nichts, wollen einfach nur auf deiner Erfolgswelle mitschwimmen. Einflussreiche Neider können dir am Anfang des Projekts gefährlich werden. Je nachdem, wem sie was ins Ohr flüstern, kann es sein, dass man dir das Projekt nicht zutraut, das Budget woanders benötigt wird oder der Intrigant die Projektleitung erhält. Der Trittbrettfahrer erscheint erst, wenn die Hürden beseitigt sind. Er stellt sicher, dass er auf das richtige Pferd setzt und eine prestigeträchtige Rolle erhält. Zum Erfolg wird er aber nichts beitragen. Diese Kollegen-Typen musst du in Schach halten. Das Mittel der Wahl ist hier: so wenig Kommunikation wie möglich, nur so viel wie minimal nötig. So kannst du Neider und Trittbrettfahrer nicht fernhalten, aber du hältst sie auf Distanz. Die Party steigt erst zum Schluss. Dann darfst du richtig auf die Kacke hauen und deinen Erfolg verkaufen.

25. KEINE FAKE-ANLIEGEN (MITARBEITER-VERA××××UNG)

Es gibt Chefs, die haben eine hohe Meinung von sich selbst und eine geringe von ihren Mitarbeitern. Sie glauben, dass sie ihnen überlegen wären. Die verantwortungsvolle Position, die sie innehaben, ist der Beweis für ihre Cleverness und Großartigkeit gegenüber dem Rest der Belegschaft. Kurz gesagt: Sie leiden an Selbstüberschätzung. Damit sind sie nicht allein.

Hältst du dich zum Beispiel für einen überdurchschnittlich guten Autofahrer? Wenn du Nein gesagt hast, bist du in der Minderheit. Auch wenn objektiv gesehen die Hälfte einer großen Gruppe Ja und die Hälfte Nein sagen sollte, ergab eine Studie ein anderes Ergebnis. Über 90 Prozent der Autofahrerfahrer hielten sich für überdurchschnittlich gut. Dieser Trend der Überschätzung eigener Fähigkeiten macht auch vor Führungskräften nicht Halt. Laut einer Gallup-Umfrage aus dem Jahr 2016 halten sich 97 Prozent aller deutschen Chefs für eine gute Führungskraft. Nur jeder fünfte Mitarbeiter stimmt dieser Selbstwahrnehmung auch zu.

Dieses Phänomen ist als Dunning-Kruger-Effekt bekannt: Je weniger wir über ein Thema wissen und je weniger Fähigkeiten wir in einem Bereich haben, desto mehr Vertrauen haben wir in unsere Fähigkeiten und Entscheidungen. Das Problem ist noch viel weitreichender. Denn je inkompetenter Menschen sind, desto mehr neigen sie zur Selbstüberschätzung und umso geringer ist ihre Fähigkeit, eigene Fehler zu erkennen.

Selbstüberschätzung führt auf Managementebene zu merkwürdigen Auswüchsen in der Entscheidungsfindung. Diese Chefs mögen keine demokratischen Entscheidungen. Sie meinen, das ist Zeitverschwendung. Sie halten sich für die kompetenteste Person im Unternehmen und würden, wenn sie könnten, immer allein entscheiden. Zum Leidwesen der restlichen Führungskräfte sowie Belegschaft machen sie das auch häufig. Auch hier hat sich schon herumgesprochen, dass Entscheidungen, die gemeinsam getroffen werden, das Engagement im Job fördern und umgekehrt. Deshalb muss die restliche Mannschaft ins Boot geholt werden, damit es aussieht, als wäre die Entscheidung demokratisch getroffen worden und nicht »par ordre du mufti«.

Um diesen Konsens zu erreichen, wird gern eine Pseudo-Entscheidung inszeniert. Natürlich immer im Vertrauen darauf, dass niemand checkt, dass schon erste Schritte eingeleitet wurden. Ich habe genau das schon unzählige Male erlebt und kann sagen: Es funktioniert nie! Die Mitarbeiter riechen das zehn Meilen gegen den Wind. So dermaßen gut kann sich niemand verstellen. Die Körpersprache verrät viel und deckt solche merkwürdigen Lügen schnell auf. Und doch ist es gängige Praxis, Pseudo-Workshops zu veranstalten, in denen zum Beispiel von den Topführungskräften Unternehmensstrategien ausgearbeitet werden sollen, obwohl diese Aufgabe längst an eine externe Unternehmensberatung vergeben oder sogar schon auf Papier gebracht wurde. Sobald der Schwindel auffliegt (und das wird er), ist das Signal verheerend: Die Mitarbeiter werden für unfähig gehalten und sind frustriert. Das Management verliert gleichzeitig an Glaubwürdigkeit und Vertrauen. Beim nächsten Workshop sieht man in leere Gesichter und wundert sich über die Zurückhaltung, fehlende Ideen sowie Begeisterungslosigkeit. Ein Geschäftsführer hat nach einer solchen Nummer die Mitarbeiter im Folge-Workshop zusammengefaltet, nur, weil sie passiv waren. Er glaubte immer noch, niemand hätte kapiert, was für ein Spiel er spielte. Seine Selbstüberschätzung stand der objektiven Reflexion der Gesamtsituation im Weg und die Mitarbeiter haben resigniert. Niemand wirft sich freiwillig vor einen fahrenden Bulldozer.

SPIEL KEINE SPIELCHEN

Deshalb rate ich dir als Führungskraft dringend von solchen Spielchen ab. Der Preis, den es zu zahlen gilt, ist zu hoch. Denn im Ergebnis kostet es dich deine Glaubwürdigkeit, das Vertrauen sowie die Motivation deiner Mitarbeiter. Mein Chef fragte zum Beispiel eines Morgens bei einem Teammeeting die Abteilungsleiter, wer sich bereit erklären würde, einen Vortrag vor Informatik-Studenten an einer Uni zu halten. Ich hatte Lust und ein interessantes Thema und meldete mich. Im Gegensatz zu meinen Mitstreitern, die sich zurückhielten.

Beim nächsten Meeting gab unser Chef dann überraschenderweise bekannt, dass mein Kollege den Vortrag halten sollte, da mein Thema zu speziell sei. Das Thema meines Kollegen interessiere eine größere Gruppe von Studenten und deshalb habe er sich dafür entschieden. Meine Enttäuschung war groß, denn ich hatte mir schon Gedanken gemacht, und bereits mit der Ausarbeitung begonnen. Die verlorene Chance und Zeit störten mich nicht so sehr wie die offensichtliche Pseudo-Entscheidung unseres Vorgesetzten. Er hatte so getan, als wäre es eine wirkliche Entscheidung und jeder bekäme die Möglichkeit. Dies war aber nicht der Fall. Der Kollege, der »auserwählt« wurde, hielt regelmäßig Vorträge dieser Art und war für unseren Chef quasi gesetzt. Er arbeitete an Themen, die unserem Chef lagen und für die er sich begeistern konnte. Meine Kollegen wussten das bereits. Deshalb hatte sich keiner gemeldet. Es war ein Fake-Anliegen mit einem Ergebnis, das schon vorher feststand. Alle im Raum Anwesenden wussten das. Nur ich nicht. Ich habe mich danach nie wieder für dumm verkaufen lassen. Wie die Kollegen schaltete ich bei zu-

»Unwissenheit erzeugt viel häufiger Selbstvertrauen als Wissen.«

CHARLES DARWIN

künftigen Anfragen in den Passiv-Modus um. Von gefakten Pseudo-Entscheidungen rate ich dir dringend ab. Solche Spielchen sind keine guten Strategien. Sie sorgen nur dafür, dass du deine Mitarbeiter frustrierst. Viel besser ist es, offen und transparent mit den Mitarbeitern zu sprechen, und sich die Zeit zu nehmen, um ihre Meinung einzuholen. Bescheidenheit anstatt Selbstüberschätzung.

BODENHAFTUNG ANSTATT GOTTESKOMPLEX

Je höher Führungskräfte im Rang steigen, umso mehr verlieren viele von ihnen an Bodenhaftung. Das Gefühl, smarter als der Rest und der eigenen Spezies überlegen zu sein, verführt zu einem überheblichen und arroganten Auftreten. Luxusreisen für Betriebsräte bei VW, Bespitzelung der eigenen Mitarbeiter und von Journalisten durch die Telekom oder auch die unvergessene Budapest-Orgie des Ergo-Konzerns – mit dem Aufstieg ins Management scheinen die Unternehmensregeln außer Kraft gesetzt. Alle sind gleich, nur manche sind eben gleicher. Der Topmanagerposten rechtfertigt anscheinend jede Form der Ungleichbehandlung. Von da ist es nicht mehr weit bis zum Machtmissbrauch.

Ein Gottkomplex und Allmachtsfantasien haben in der Chefetage und in Führungspositionen nichts zu suchen. Deshalb ist es umso wichtiger, nie die Bodenhaftung zu verlieren. Diejenigen, die auf dem Teppich der Tatsachen bleiben, pflegen noch immer ihre Freundschaften aus Schulzeiten, egal, welchen sozialen Status sie mittlerweile haben. Sie engagieren sich freiwillig in der Kirche, den Schulen ihrer Kinder oder in Sportvereinen. Sie suchen den sozialen Kontakt zu Menschen außerhalb ihrer Bubble und sehen somit, dass ihre Privilegien eben solche sind. Der teure Firmenwagen, das durch die Firma bezahlte Schulgeld für die Privatschule der Kinder, die Bahnfahrt erster Klasse, Flugreisen in der Business-Class, das Fünf-Sterne-Restaurant zum Mittagessen oder das neueste iPhone als technische Grundausstattung für den Job. Das alles erscheint in einem anderen Licht, wenn man sieht, wie der beste Freund jahrelang auf ein neues Auto sparen muss, dass die Probleme mit den Kindern die gleichen sind, egal ob sie auf einer öffentlichen oder privaten Schule lernen, und dass auch ein Smartphone für ein Drittel des Preises von einem völlig überteuerten iPhone richtig gute Dienste verrichten kann. Das zu sehen, es zu beobachten, die eigenen Privilegien wahrzunehmen, ist der erste Schritt hin zu mehr Dankbarkeit und Demut. Und genau das braucht es, um als Führungskraft und Mensch die Bodenhaftung nicht zu verlieren. Denn es geht um Menschlichkeit, Demut und Dankbarkeit. Anstatt teurer Autos, Uhren und Prostituierte auf Spesenkosten sind das die neuen Statussymbole.

»PROFI-HACK #25«

SELBSTÜBERSCHÄTZUNG ZÜGELN

Wirkliches Wissen besteht nach Konfuzius darin, das Ausmaß der eigenen Unwissenheit zu kennen. Damit du zu dieser Erkenntnis gelangst, erfordert es etwas Mut. Damit bekommst du deine Selbstüberschätzung in den Griff. Hol dir jemanden an deine Seite, der deine Persönlichkeit ausgleicht. Ein Korrektiv sozusagen. Wenn du impulsiv und dominant bist, suche dir eine besonnene »rechte Hand«, die dich berät und vor zu schnellen Handlungen zurückhält. Nutze die Intelligenz deiner Mitarbeiter und frage sie regelmäßig nach ihrer Sicht der Dinge. Vor allem neue Mitarbeiter im Team solltest du ermutigen, kritisches Feedback zu geben. Sie haben noch nicht die Scheuklappen auf und bringen neue Sichtweisen mit, die du mit deiner Betriebsblindheit gar nicht mehr siehst. Das beinhaltet auch Kritik an deinem Führungsverhalten oder zu Entscheidungen der Geschäftsführung. Mit diesen Instrumenten kannst du deine Selbstüberschätzung im Zaum halten und zu besseren Entscheidungen und einem motivierteren Team gelangen. Das zahlt sich auch finanziell aus. In einer Studie der Beratungsfirma McKinsey konnte nachgewiesen werden, dass Organisationen und Firmen, die explizit an der Vermeidung von Einschätzungs- und Entscheidungsfehlern gearbeitet haben, einen bis zu 7 Prozent höheren Profit erzielten.

26. WORK AROUND THE CLOCK (ZWISCHEN DEN WELTEN)

Die Zentrale liegt in Deutschland, Großteile der Produktion sind seit einigen Jahren nach China ausgelagert, die Buchhaltung ging letztes Jahr nach Polen, der IT-Support arbeitet in Indien und dann gibt es da noch Tochterfirmen mit Sitz in den USA, Mexiko und Italien. So oder so ähnlich sieht es aus, wenn man in einem global agierenden Unternehmen arbeitet. Die Globalisierung ist schon längst nichts Neues mehr. Und doch gehen einige Firmen damit souveräner um als andere. Die Herausforderungen im Umgang mit internationalen Teams sind durch den Einsatz von moderner Technik geringer geworden. Die Grundthemen sind aber immer noch die gleichen. Da wären die typischen Sprachbarrieren (kennst du indisches Englisch?), unterschiedliche Kulturen, unterschiedliche Arbeitseinstellungen und natürlich auch die Zeitverschiebung rund um den Globus. Ein Call mit Mitarbeitern aus Amerika, Europa und Asien kann zur wirklichen Herausforderung werden. Doch unterschiedliche Zeitzonen sind nur die Spitze des Eisbergs aller Hürden, die bei der Zusammenarbeit in globalen Teams überwunden werden müssen. Unbeabsichtigt kann es zu Missverständnissen, Verwirrung und verärgerten Kollegen kommen.

So haben Untersuchungen der U. S. Civil Engineering Research Foundation gezeigt, dass es in Teams eher zu schlechter Kommunikation, Unklarheiten und langwieriger Entscheidungsfindung kam, wenn sie sich nicht zusammen an einem Ort befanden.

KULTURELLE UNTERSCHIEDE FEIERN

Zuallererst braucht es Fingerspitzengefühl und vor allem Verständnis für die Eigenheiten verschiedener Kulturen. Man sollte sich nicht von dem globalen Wir-Gefühl täuschen lassen. Die Unterschiede zwischen den Kulturen sind gewaltig und müssen berücksichtigt werden. Ich wurde während meiner Tätigkeit für einen amerikanischen Konzern nach zwei Jahren auf eine globale Leitungsfunktion befördert, die viel Kommunikation mit den USA, Asien und Europa erforderte. Die Zeitverschiebung war eine Herausforderung, aber die größte Herausforderung lag in der Vermittlung zwischen den extrovertierten Amerikanern und den introvertierten Chinesen. Die meiste Redezeit hatten die Amerikaner, die in ihrer kommunikationsfreudigen Art unablässig redeten, ohne wirklich etwas zu sagen. Die zurückhaltenden chinesischen Kollegen musste ich einen nach dem anderen zum Reden auffordern, um ihnen ihren Input quasi aus der Nase zu ziehen. Auch das brachte nicht immer das gewünschte Ergebnis. Die Chinesen wollten den Amerikanern nicht vor allen anderen sagen, dass sie ihre Ideen für absolut unrealistisch und überambitioniert hielten. Hier sorgten die chinesische Zurückhaltung, die enorme Höflichkeit und die Kultur der Gesichtswahrung dafür, dass eine Seite drohte, nicht gehört zu werden. Umgekehrt war den Amerikanern das chinesische Engagement zu gering und insgesamt viel zu zurückhaltend. Der sich bietende Raum wurde aber mühelos gefüllt. Die Europäer im Team sorgten für den Kit und gaben acht, dass es ein ausgewogenes Verhältnis an Redezeit und Input gab. Meist habe ich nach dem offiziellen Teil der Telefonkonferenz zum Hörer gegriffen, um in einer Vier-Augen-Unterredung einen offeneren Input der asiatischen Kollegen zu erhalten. Auch der war noch sehr von Höflichkeit und Zurückhaltung geprägt, aber mit der richtigen Einordnung gelang die Interpretation.

IST DAS HUMOR ODER KANN DAS WEG?

Die verschiedenen Sprachen sind für sich genommen schon eine große Hürde in der Führung von internationalen Teams. Im Vorteil ist derjenige, für den die Arbeitssprache gleichzeitig Muttersprache ist. Bei der Verwendung einer Fremdsprache dauert der Prozess des Verstehens länger und ist von Fehlinterpretationen und Missverständnissen geprägt.

Englisch ist nicht gleich Englisch. Jede Kultur hat ihre Aussprache, spricht ihren Akzent und benutzt auch andere Vokabeln als man selbst. Die Unsicherheit über die Aussprache, Verständnisprobleme bei verschiedenen Dialekten und ein ungenügender Wortschatz resultieren in fehlender Schlagfertigkeit oder sorgen für eine stockende Kommunikation. Dann gibt es noch die unterschiedlichen kommunikativen Empfindungen je nach Kultur.

Eine Studie[30] offenbarte, dass Menschen in östlichen Kulturen (insbesondere China) gegenüber Humor weniger tolerant sind. Sie neigen zu der Auffassung, dass das den Komikern überlassen werden sollte. Für Menschen aus westlichen Kulturen (die Studie wurde speziell auf Kanada ausgerichtet) ist Humor eine normale und sogar bewundernswerte Eigenschaft, die zwischenmenschliche Beziehungen verbessert.

Gerade als Führungskraft muss man sich dieser kulturellen Unterschiede in der Kommunikation bewusst sein. Vor allem, wenn es darum geht, kritisches Feedback zu geben. Denn hier liegen Fallstricke. Wenn der Brite sagt: »very interesting«, versteht man als Deutscher womöglich »Das klingt interessant, erzähl mir mehr«. Gemeint ist eigentlich das komplette Gegenteil. Um Feedback beurteilen und einsortieren zu können, ist es hilfreich, sich

»(Not) Very interesting!«

die Wörter anzuhören, die benutzt werden. Direktere Kulturen, wie Deutschland und die Niederlande, verwenden das, was Linguisten als Upgrader bezeichnen. Wörter, die vor oder nach einem negativen Feedback stehen und das Gefühl geben, dass es stärker ist, wie zum Beispiel absolut, vollständig oder stark: »Das ist absolut unangemessen« oder »Das ist völlig unprofessionell«. Im Gegensatz dazu verwenden indirektere Kulturen wie die Briten, Amerikaner oder Asiaten, mehr Herabstufungen. Worte, die die Kritik mildern, wie zum Beispiel *in der Art*, *irgendwie*, *ein bisschen*, *vielleicht* und *ein wenig*. Eine andere Art von Herabstufung ist eine bewusste Untertreibung, wie zum Beispiel »Wir sind noch nicht ganz da«, wenn man wirklich meint: »Das ist noch lange nicht abgeschlossen.«

Ich habe oft erlebt, dass Feedback von Deutschen als unhöflich und harsch wahrgenommen wurde und umgekehrt Kritik von Asiaten gar nicht als solche erkannt wurde. Um diese Art der Fehlkommunikation zu vermeiden, empfiehlt es sich, im Team klare Kommunikationsregeln aufzustellen. Zudem sollte jeder Einzelne gefragt werden, wie er Feedback erhalten möchte. Diese Antworten müssen allen im Team zugänglich gemacht werden. Auch wenn es das Tempo etwas verlangsamt, sollte man immer wieder nachfragen, ob alle das gleiche Verständnis über die Inhalte der Kommunikation haben. Denn Hintergründe, Gedankengänge und Zusammenhänge können nicht nur unterschiedlich verstanden, sondern auch unterschiedlich gedeutet werden.

DAS TIMING IST ENTSCHEIDEND

Und als ob das alles nicht genug wäre, kommt auch noch die Zeitverschiebung zwischen den Kontinenten hinzu. Während der Kollege in Tokyo sich auf den Feierabend vorbereitet, genießt du in Berlin deinen ersten Kaffee und die Mitarbeiter im Office in San Francisco sind noch am Schlafen. Für die Planung von Meetings ist es unabdingbar, die verschiedenen Zeitzonen im Blick zu haben. Mit einem Online-Konferenzplaner behältst du hier locker den Überblick.

Wichtig ist noch, die landesüblichen Feiertage nicht zu vergessen.

Am besten gelingt das mit einem Team-Kalender, in dem die Feiertage gekennzeichnet sind. Wenn all das Organisatorische geregelt ist, gibt es wieder eine nicht zu vernachlässigende kulturelle Komponente bezüglich des Zeitempfindens. Amerikaner verbringen viel Zeit im Job, teilweise auch am Wochenende. Die Schweden hingegen legen Wert auf ein ausgewogenes Verhältnis von Work-Life-Balance. Dementsprechend gibt es eine komplett andere Bereitschaft, Überstunden zu leisten. Mir hat deshalb schon einmal eine Finance-Managerin am schwedischen Standort gekündigt. Sie hatte über Monate an den schwedischen Feiertagen arbeiten müssen, weil der Mutterkonzern in den USA darauf keine Rücksicht nehmen konnte. Überstunden wurden in einer leitenden Position wie ihrer vorausgesetzt. Diese Regeln hatten sie sozial isoliert. Sie war nicht länger bereit, dieses aus ihrer Sicht große Opfer zu leisten, und reichte ihre Kündigung ein. Das Beispiel zeigt, dass Arbeit über Zeitzonen hinweg zu Frustration und einer immensen Arbeitsbelastung Einzelner führen kann.

»PROFI-HACK #26«

BESSER GEMEINSAM ALS EINSAM

Als Führungskraft eines internationalen Teams solltest du interkulturelle Skills aufbauen und auch Zeit in die Teambildung investieren. Vereinbare klare Regeln der Zusammenarbeit mit den Mitgliedern und agiere als echtes Bindeglied zwischen den einzelnen Locations. Das erfordert eine höhere Reisetätigkeit und fortwährend einen erhöhten Kommunikationsaufwand, lohnt sich aber nach hinten raus. Unterbinden solltest du dabei das beliebte Bashing gegen die Zentrale oder das Headquarter. Das baut nur Fronten auf oder verstärkt diese. Damit ist niemandem geholfen. Viel cleverer ist es, die Gemeinsamkeiten hervorzuheben. Es sitzen schließlich alle im gleichen Boot.

27. HOME-OFFICE DURCH DIE HINTERTÜR

In den Interviews, die ich auf der Suche nach guten Mitarbeitern geführt habe, wurde mir eine Frage immer häufiger gestellt: die Frage nach dem Homeoffice. Die Möglichkeit, von zu Hause aus arbeiten zu können, hat an Bedeutung zugenommen und ist vielen Mitarbeitern wichtig. Was früher ein Privileg der oberen Führungskräfte war, ist heute fast schon eine Selbstverständlichkeit. Oder doch nicht?

Jetzt, wo ich dieses Buch schreibe, erlebt die Welt eine der größten Pandemien der Weltgeschichte. Covid-19 ist ein hochinfektiöses Virus, das sich rasend schnell ausgebreitet hat. Während das Krankenhauspersonal weltweit mit aller Anstrengung um Menschenleben kämpft, sorgt Corona in großen Teilen der Welt für einen nie dagewesenen Stillstand. Aus Angst vor einem Kollaps des Gesundheitssystems wurden Ausgangs-, Kontaktsperren sowie weitreichende Quarantänemaßnahmen ergriffen. Die Grenzen sind geschlossen. Ebenso Schulen, Kindergärten und alle nicht dringend notwendigen Geschäfte. Mitarbeiter werden in Kurzarbeit geschickt, und wer kann und darf, arbeitet im Homeoffice.

Es ist erstaunlich zu sehen, wie schnell und unkompliziert das bei einigen Firmen funktioniert und wie unkoordiniert und schwergängig dieser Prozess bei anderen läuft.

Vor allem Firmen, die vor Corona nicht auf Homeoffice eingestellt waren und dies auch nicht planten, haben damit zu kämpfen.

Die Tätigkeiten der Mitarbeiter würden dies locker hergeben. Es gibt aber keine Sicherheitsrichtlinien, es fehlt die Technik und die Mitarbeiter sind nicht geschult. Die Pandemie hat uns die Schwachstellen der Digitalisierung aufgezeigt. Beim Thema Arbeiten von zu Hause haben sich viele Vorgesetzte in der Vor-Corona-Zeit schwergetan. Darauf angesprochen, habe ich immer wieder die gleiche Aussage gehört: »Mitarbeiter würden im Homeoffice nicht arbeiten!«

Das ist genau der Punkt: mangelndes Vertrauen. Es gibt Führungskräfte, die ihren Mitarbeitern nicht vertrauen und denken, diese liegen auf der faulen Haut oder gehen ihren Hobbys nach, anstatt produktiv zu sein. Solche Fälle gibt es. Das sind allerdings die Mitarbeiter, die auch im Büro nur mit ihrem Privatkram beschäftigt sind. Anstatt Netflix zu schauen, surfen sie stundenlang im Internet, organisieren den nächsten Urlaub oder die anstehende Familienfeier. Natürlich alles in der Arbeitszeit. Dieser Typ Mitarbeiter geht geschickt und möglichst unauffällig vor. Um dies zu unterbinden, müsste man die Mitarbeiter permanent überwachen und konstant kontrollieren. Doch ist das im Führungsalltag nicht so einfach. Einen großen Teil der Zeit verbringt man in Meetings. Laut einer Langzeitstudie der Harvard-Business-School[31], verbringen Topmanager 72 Prozent ihrer wöchentlichen Arbeitszeit in Besprechungen. Da bleibt gerade noch Zeit für die E-Mails, wichtige Telefonate und sonstige tägliche Aufgaben. Zeit, um die Mitarbeiter zu kontrollieren und jeder Aufgabe hinterherzugehen, ist nicht übrig. Doch die Aufdeckung der Drückeberger in der eigenen Abteilung benötigt genau das: Unmengen an Zeit, die eine Führungskraft nicht hat.

Ich hatte einmal einen solchen Fall in meinem Team. Ein Mitarbeiter, der permanent mit privaten Sachen beschäftigt war, ohne dass ich es mitbekam. Den Kollegen erzählte er, dass bei ihm »Land unter« sei und dass sein Arbeitspensum kaum noch zu bewältigen sei. Das war seiner Meinung nach die Ursache, warum er Fehler machte und alles so lange dauerte. Die Kollegen hatten Mitleid und stellten sich kollektiv hinter ihn. Mir kam die Sache spanisch vor. Denn trotz eines zusätzlichen Mitarbeiters zur Entlastung, neuer Aufgabenverteilung, intensivem Coaching und eng getaktetem Feedback wurden die Arbeitsergebnisse nicht besser. Meinen Kontrollversuchen entzog er sich geschickt.

Die Krankmeldung zu wichtigen Deadlines war sein Lieblingsmittel. Ich war gezwungen, meine wertvolle Zeit in diesen einen einzigen Mitarbeiter zu investieren, ohne die entsprechenden Ergebnisse zu sehen. Es war aussichtlos. Ich sah mich gezwungen, den Mitarbeiter zu entlassen. Das war ein extremer Fall, den ich niemandem wünsche, und doch verdeutlicht es, wie schwer solche Mitarbeiter unter Kontrolle zu bringen sind. Es wäre egal gewesen, ob der Mitarbeiter im Homeoffice oder an seinem Schreibtisch in der Firma gearbeitet hätte. Das Resultat, nämlich schlechte Arbeitsergebnisse, wäre das gleiche gewesen. Das sind natürlich die Ausnahmen und das Beispiel soll verdeutlichen, dass ein Mangel an Arbeitsmoral durch Homeoffice nicht gefördert wird und umgekehrt die Präsenz im Büro das Defizit auch nicht ausgleicht. Die Anwesenheitszeit zu messen ist zwar die einfachste, aber auch die sinnloseste Methode der Leistungsmessung. Denn »Anwesenheit sagt nichts über die Qualität der Leistung von Mitarbeitern aus, sondern liefert häufig sogar ein falsches Bild«, sagt Elke Frank, ehemalige Chefin der Personalabteilung und Mitglied der Geschäftsleitung bei Microsoft Deutschland. Die Wahrheit ist: Mitarbeiter, die sich im Büro gut organisiert bekommen, schaffen das auch in den eigenen vier Wänden. Ich arbeite im Homeoffice produktiver, da niemand auf einen Kaffee vorbeikommt, kein Telefonat mich unterbricht und ich kürzere Pausen mache. Ich bin ein Freund von Homeoffice-Regelungen und der Meinung, dass dies heute selbstverständlich sein sollte.

MACH DEINE EIGENEN REGELN

Was mache ich, wenn ich in einem Unternehmen arbeite, das keine Homeoffice-Regelung einführen möchte und sich dagegen sträubt. Auch ich bin einmal in einem solchen Unternehmen gelandet. Obwohl ich im IT-Bereich der Firma tätig war, gab es genau für diese Tochtergesellschaft keine Homeoffice-Regelung. Der Rest des Konzerns hatte diese schon vor einigen Jahren eingeführt. Doch der Geschäftsführer weigerte sich vehement. Das wiederum bekam ich hautnah im Recruiting zu spüren. IT-Mitarbeiter sind Mangelware und können sich ihre Jobs wie Rosinen aus dem Kuchen picken. Um als Arbeitgeber attraktiv zu erscheinen, muss man einiges anbieten können. Homeoffice ist der Standard, den mittlerweile fast jede Firma zu bieten hatte – außer der Firma, für die ich tätig war. Das hielt mich nicht davon ab, eine inoffizielle Regelung einzuführen. Die Handwerkertermine, Arztbesuche und kränkelnden Kind traten in meiner Abteilung gehäuft auf. Bevor die Mitarbeiter sich dafür krankschreiben lassen und ausfallen, habe ich sie von zu Hause aus arbeiten lassen. Das Wichtigste war die Absprache mit den jeweiligen Mitarbeitern, was in der Zeit erledigt werden soll und wo die Prioritäten liegen. Zudem benötigten die Mitarbeiter die technischen Voraussetzungen dafür. Bei jeder Neuanschaffung in meiner Abteilung bestellte ich nur noch mobiles Equipment. Alle anderen Führungskräfte im Unternehmen handhabten es ähnlich. Im Gegensatz zur Geschäftsführung hatten wir Vertrauen in unsere Mitarbeiter und setzten auf Ergebnisse statt unbedingte Anwesenheit. Der Professor der Stanford Graduate School of Business, Nicholas Bloom, erklärt, dass die Anwesenheitspflicht ein überholtes Überbleibsel der industriellen Revolution ist. Eine solche Inflexibilität ignoriert die heutigen hochentwickelten Kommunikationsmethoden sowie langen Arbeitswege und schadet den Firmen und Angestellten. In einer Studie mit 500 Angestellten konnte er belegen, dass die Tätigkeit im Homeoffice die Zufriedenheit der Mitarbeiter erhöht und zu einer signifikanten Leistungssteigerung von 13 Prozent führte. Das entspricht fast einem ganzen Arbeitstag. Zwei Gründe führten zu diesem Aufwärtstrend: Erstens arbeiten Menschen im Homeoffice tatsächlich die ganze Schicht, da sie nicht vom morgendlichen Verkehr aufgehalten werden, kein langes Mittagessen mit einem Kollegen einnehmen oder die Arbeit wegen einem Handwerker frühzeitig verlassen.

Zweitens können sich die Menschen zu Hause besser konzentrieren. Im Büro lauern Ablenkungen durch die Kollegen. Sei es der Kuchen in der Kaffeeküche, das Fußball-Gewinnspielen oder der neueste Klatsch und Tratsch. Irgendwas ist immer los.

Ein weiterer positiver Effekt des Homeoffices-Experiments zeigte, dass die Kündigungsrate um 50 Prozent sank, wenn die Mitarbeiter von zu Hause aus arbeiten durften. Davon profitieren nicht nur die Mitarbeiter, sondern auch die Manager, weil sie weniger Zeit mit Rekrutierung, Schulung und Beförderung verbringen müssen. Du kannst als Führungskraft also auch noch gewinnen.

»PROFI-HACK #27«

INDIVIDUELLE REGELN

Doch nicht jeder Mensch ist gleich und jeder hat andere Bedingungen, die er zu Hause vorfindet. Manch einer wohnt allein und andere vielleicht noch bei ihren Eltern. Dem einen Mitarbeiter fehlt der soziale Kontakt im Homeoffice und dem anderen das Büro als Fluchtmöglichkeit. Mitarbeiter, die von zu Hause arbeiten, werden mit geringerer Wahrscheinlichkeit befördert und erhalten weniger Bonuszahlungen. Deshalb müssen individuelle Lösungen für jeden Mitarbeiter getroffen werden. So gewinnen beide Seiten. Die Freiwilligkeit führte im Experiment dazu, dass sich die Produktivität um ganze 25 Prozent steigerte, denn so konnte jeder Mitarbeiter in dem für ihn passenden Konzept arbeiten.

28. KARRIERE RÜCKWÄRTS

Heutzutage sind Karrieren nicht mehr so gradlinig und in Stein gemeißelt, wie das früher der Fall war. Die Generation der Babyboomer hat einem Arbeitgeber oft ein Leben lang die Treue geschworen. Sich vom Azubi zum Sachbearbeiter hochgearbeitet, dann wurde er vielleicht zum Teamleiter befördert, nach Jahren des Aushaltens und Hochdienens wurde man eventuell Abteilungsleiter. Mit noch mehr Können, Glück und guten Beziehungen im Unternehmen schaffte man es vielleicht zum Direktor oder Prokuristen. Die Krönung einer solchen Karriere war ohne Zweifel die Ernennung zum Generaldirektor. Damit hatte man die gesellschaftliche Anerkennung gewiss. Man hatte sich hochgekämpft und konnte nun die Wichtigkeit der eigenen Person genießen.

Karrieren, die möglichst viel Kontinuität und wenige Wechsel aufwiesen, wurden im Vorstellungsgespräch belohnt. Auslandspraktika waren etwas für Auserwählte (mit guten Kontakten) und Sabbaticals gab es noch nicht. Ganz im Gegenteil, Lücken im Lebenslauf waren ein Zeichen von größtem Makel und mussten vertuscht werden. Auch Unstetigkeit, sich ausprobieren und Richtungswechsel waren ein Schandfleck, den sich Normalsterbliche nicht leisten konnten. Demzufolge gab es in der Karriereleiter nur den einen Weg: der nach oben. Höher, weiter, schneller war die Maxime. Ein Schritt zur Seite war bereits eine Blamage und der Weg zurück war völlig ausgeschlossen. Denn das war der Inbegriff des puren Versagens. Gott sei Dank hat sich einiges geändert. Berufliche Auslandsaufenthalte, Auszeiten und Sabbaticals sind mittlerweile selbstverständlich und gehören zum guten Ton. Die Tage, an denen jahrzehntelang für ein und dasselbe Unternehmen gearbeitet wurde, sind vorbei. Was früher als »Job-Hopping« angesehen wurde, wird heute oft als Ehrgeiz, seine Karriere voranzubringen, angesehen – immer vorausgesetzt, es gibt nicht zu viele Stellen mit kurzer Dauer und ohne Erklärung im Lebenslauf.

Ein Seitwärtsschritt ermöglicht ein breiteres Wissen über die Organisation, erweitert die Perspektive und bietet eine ganzheitlichere Sicht auf das Unternehmen. Es ermöglicht den Aufbau eines Netzwerks und zeugt von Flexibilität sowie der Bereitschaft, offen mit Veränderungen umgehen zu können. Wenn man in der Firma ans Ende der Weiterentwicklungsmöglichkeiten gelangt ist und die Aufstiegschancen ausgeschöpft sind, ist es manchmal eine gute Strategie, einen Schritt zurückzugehen, bevor man die nächsten zwei wieder nach vorn gehen kann.

EINMAL CHEF UND ZURÜCK

Der Karriererückschritt wird von Mitarbeitern und Führungskräften weniger positiv wahrgenommen. Viele Menschen sind von diesem Karriereschritt unbewusst voreingenommen. Es ist die Sorge »Was werden die anderen denken?«, die hier im Weg steht.

Einen Schritt zurück oder nach unten zu machen, kann trotzdem eine gute Wahl sein. Für viele, die sich dafür entscheiden und daran wachsen, war es rückblickend einer der wichtigsten Wendepunkte (zum Besseren) in ihrer Karriere. Ich habe eine solche Situation bereits hautnah miterleben dürfen. Mein Vorgänger hatte sich aus persönlichen Gründen entschieden, einen Karriereschritt zurückzugehen. Ich übernahm ein Team, das bis dahin von einem Mitarbeiter aus den eigenen Reihen geführt wurde. Er war viele Jahre im Unternehmen beschäftigt, ein ausgewiesener Experte auf seinem Gebiet, akzeptiert und hochgeschätzt, so sehr, dass er der Nachfolger des ausscheidenden Chefs wurde, als der das Unternehmen verließ. Leider stieß der Nachfolger an seine persönlichen Grenzen und verlor im Unternehmen an Akzeptanz.

Damit die Situation nicht außer Kontrolle geriet, suchte man nach einer neuen Führungskraft und bat den Mitarbeiter, seine vorherige Expertenposition wieder einzunehmen. Diese hatte er im Übrigen nie abgegeben, sondern er hatte eigentlich versucht, zwei Jobs gleichzeitig zu stemmen. Das und vieles mehr mag zu der unglücklichen Situation beigetragen haben. Ich kann mir nur vorstellen, welch ein täglicher Kampf das gewesen sein muss. Doch das Bemerkenswerte war, dass der Mitarbeiter das Angebot, in seinen vorherigen Job zurückzugehen, annahm. Ich wusste von der Situation, bevor ich den Job annahm, und hatte Bedenken vor dem Setting. Würde der Mitarbeiter damit umgehen können? War seine Entscheidung wirklich frei oder wurde er unter Druck gesetzt? Würde er anfangen, gegen mich zu arbeiten? Diese Ängste haben sich alle nicht bestätigt. Ganz im Gegenteil. Wir hatten von Anfang an eine kooperative und unterstützende Zusammenarbeit. Ich half ihm, seinen angeschlagenen Ruf in der Firma wieder aufzupolieren, und erhielt im Gegenzug sein wertvolles Wissen und seine Erfahrungen. Mir hat die Konstellation gezeigt, wie einfach Lösungen werden, wenn das Ego aus der Gleichung genommen wird. Genau das ist die Kunst, zu der nur wenige Persönlichkeiten fähig sind. Der Schritt des Mitarbeiters zurück mag von außen wie eine Niederlage ausgesehen haben. Doch in Wahrheit war es eine souveräne, konsequente und starke Handlung, vor der ich den größten Respekt habe. Denn der Weg zurück ist keine Entscheidung und doch ein absolut legitimer Karriereschritt, der anerkannt und beglückwünscht werden sollte.

»If you don't love your life, change it until you do.«

KREATIVE KARRIEREPLANUNG

Wie kannst du als Führungskraft deine Mitarbeiter ermutigen, eine kreativere und weniger traditionelle Sichtweise bei der Gestaltung ihrer Laufbahn einzunehmen? Dazu habe ich hier ein paar Möglichkeiten aufgezählt.

- **MINDSET:** Die Mitarbeiter müssen verstehen, dass sie ihre berufliche Weiterentwicklung selbst in der Hand haben und nicht du oder die Personalabteilung darüber entscheiden.
- **GRUNDLAGEN:** Falls sie es noch nicht wissen, solltest du deinen Mitarbeitern zeigen, wie man einen Karriereplan erstellt und ihnen behilflich sein. Die inhaltlichen Ideen müssen aber von ihnen selbst kommen.
- **WEITERBILDUNG:** Lerne, wie man Mitarbeitergespräche professionell führt. Dazu kannst du ein Buch lesen, Videos ansehen oder noch besser einen Kurs besuchen, in dem man ein Gespräch auch praktisch durchspielt. Wenn du Führungskräfte führst, schicke diese auf Schulungen zu diesem Thema.
- **ROLE-MODELS:** Sammle Geschichten von Personen, die alternative Karrierewege beschritten haben. Der beste Weg, um zu zeigen, dass es eine Vielfalt von Karrierewegen gibt, besteht darin, Geschichten von Personen zu erzählen, die sie erlebt haben und noch leben. Das ermutigt, auch ungewöhnliche Weg zu gehen.
- **COACHING:** Stelle deinen Mitarbeitern ein Karriere-Coaching zur Verfügung. Das kann ein professioneller Coach sein oder ein Mitarbeiter des Unternehmens, der einen ähnlichen Weg erfolgreich beschritten hat.

- **TRANSPARENZ:** Informiere deine Mitarbeiter über alle Karrieremöglichkeiten, die es im Unternehmen gibt und welche Qualifikationsanforderungen es dafür benötigt. Das hilft, den Blickwinkel für die vielfältigen Chancen zu öffnen.

»PROFI-HACK #28«

HILF DIR SELBST, SONST HILFT DIR KEINER

Aber wer hilft dir, wenn du das Gefühl hast, im falschen Job gelandet zu sein? Wenn deine Laune jeden Tag im Keller ist, sobald du in die Arbeit kommst? Der Job keinen Spaß mehr macht? Du nicht mehr kreativ bist und alles, was du einst interessant und aufregend fandest, dich nur noch anödet? Am liebsten würdest du morgens einfach nur die Decke über deinen Kopf ziehen, sobald der Wecker klingelt, und liegen bleiben? Dann ist es Zeit zu handeln und deine Situation zu hinterfragen.

- Was willst du und was fehlt dir dazu? Was würde dich engagierter machen? Wenn du diese Fragen beantworten kannst, hast du einen ersten Ansatzpunkt. Die nächste Frage lautet: Wer kann dir helfen? Suche dir Personen im Unternehmen, die dich unterstützen. Menschen lieben es, anderen zu helfen, denn das macht uns glücklich. Scheue dich nicht, dir Unterstützung zu suchen.
- Bereichere deinen Arbeitsplatz. Darauf zu warten, dass jemand anderes Lei-

denschaft in deine Arbeit einfließen lässt, ist vergeudete Zeit und wird nicht passieren. Frage dich besser, welche Aspekte deiner Tätigkeit dich am meisten interessieren, dich begeistern oder bei denen du Verbesserungsbedarf hast. Wenn du mehr Zeit für den Lieblingsteil deiner Arbeit nehmen könntest, was wäre das? Mit wem kannst du darüber sprechen? Und wie kannst du es realisieren?

- Baue dir ein tragfähiges Netzwerk innerhalb und außerhalb des Unternehmens auf. Mitarbeiter, die im Unternehmen eng vernetzt sind und dort auch Freundschaften aufgebaut haben, fühlen sich wohler und es fällt ihnen schwerer, dieses auch zu verlassen. Das bewusste Aufbauen einer starken Gemeinschaft von Kolleginnen und Kollegen verbessert deine Fähigkeit, Probleme zu lösen, Zugang zu relevanten Informationen zu erhalten, dich geschätzt zu fühlen und kompetente Diskussionspartner zu haben. All das ist entscheidend für dein Engagement und deine Zufriedenheit.

29. NOBODY IS PERFECT – AUCH DER CHEF NICHT

An Chefs werden große Anforderungen gestellt, und Mitarbeiter sind grundsätzlich schnell dabei, ihre Vorgesetzten zu kritisieren und über deren Unfähigkeit zu urteilen. Vielleicht hast du dich selbst schon einmal ertappt, wie du gedacht hast: Also das hätte ich jetzt aber anders gemacht/entschieden/kommuniziert als mein Chef.

Wenn man dann selbst in der Position ist, merkt man auf einmal, dass es nicht so einfach ist, wie man sich das vorgestellt hat. Plötzlich ist man in einer Sandwich-Position: auf der einen Seite die Mitarbeiter und auf der anderen der eigene Chef. Die Manager »der Mitte« haben die Aufgabe, aus der Unternehmensstrategie Tagesgeschäft zu machen. Sie sind quasi die Schnittstelle zwischen Topmanagement und den operativen Teams.

Gerade diese beiden Seiten haben ihre eigenen Wünsche, Ansprüche und Vorstellungen, wie die Dinge zu laufen haben. Hier kann es zu regelrechter Frontenbildung kommen. Die Häuptlinge da oben, die Indianer hier unten und du als Manager zwischen drinnen. Immer im Spannungsfeld zwischen »Follower« und »Leader«. Das kann einen unter Druck setzen. Gerade in unteren Führungsebenen und im mittleren Management kann der Druck enorm hoch sein, da man dort viel fachlichen Input leisten muss. Als Dank dafür gibt es wenig bis gar keine Anerkennung. Chefs sind auch nur Menschen und keine Maschinen. Es ist unmöglich, all diesen Anforderungen gerecht zu werden. Perfektionismus steht dem Erfolg nur im Weg. Als Chef sollte man nicht erst in die Versuchung geraten, es allen recht zu machen.

Deshalb empfehle ich dir zu zeigen, wo deine Grenzen oder Schwächen liegen. Das macht menschlich. Menschlichkeit kombiniert mit einer hohen Moral macht uns beliebt. Wer beliebt ist, wird auch respektiert. Menschen verleihen jenen Autorität, die sie besonders gut leiden können, sagt Psychologie-Professor Dacher Keltner von der Berkeley-Universität in Kalifornien. Dieses Phänomen ist in mehreren Studien nachgewiesen. Sobald Menschen Macht bekommen, entsteht jedoch ein Paradoxon. Mit dem Anstieg an Einfluss verlieren sie die Qualitäten, die ihnen geholfen haben Macht zu erlangen: Moral und Menschlichkeit. Aus ehrlichen, höflichen und offenen Menschen werden impulsive, rücksichtslose und rüpelhafte Wesen. Keltner konnte dieses Verhalten in der sogenannten Kekstest-Studie nachweisen. Er und sein Team teilten die Studienteilnehmer in Dreiergruppen ein, wobei nach dem Zufallsprinzip eine Person als Leiter benannt wurde. Die Forscher gaben den Trios eine relativ langweilige Aufgabe und ließen sie eine Weile daran arbeiten. Dann brachten sie einen Teller mit vier Keksen herein. Jeder Teilnehmer nahm einen und ließ den vierten für eine Weile stehen, aber in den meisten Gruppen schnappte sich der Leiter schließlich den letzten Keks. Doch nicht nur das. Es konnte auch eine Korrelation zwischen wahrgenommener Macht und schrecklichen Tischmanieren beobachtet werden. Die ernannten Anführer der Gruppe aßen mit offenem Mund, schmatzten und krümelten den ganzen Tisch voll. Die Studie zeigt, dass wir Menschen anfällig für Macht sind und schon ein wenig davon ausreicht, um sich stärker auf die eigenen Interessen zu konzentrieren als auf die der Gruppe. Eine weitere Studie fand heraus, dass mächtige Menschen sich weniger um die Bedürfnisse ihrer Untergebenen kümmern und sich selbst immer weniger an die Regeln halten, deren Einhaltung sie von allen anderen erwarten. Bekommen Menschen Macht, zeigt das Gehirn sogar ähnliche Symptome auf, wie bei einem Schädel-Hirn-Trauma: Es führt zu einer verringerten Empathie und Wahrnehmung. Man kann also sagen: Alle Menschen sind anfällig für Machtmissbrauch. Dessen sollte sich jeder bewusst werden, der Macht oder einen Titel verliehen bekommt.

Als Führungskraft ist es von enormer Bedeutung, sich das klarzumachen. Du hast per Funktion eine legitimierte Macht, verbunden mit der Möglichkeit, Sanktionen auszuüben. Beweist man in seiner Führungsposition auch noch Kompetenz und Charisma, wird die Führungsmacht in der Regel als gerechtfertigt empfunden.

MENSCHLICHKEIT STATT MACHTMISSBRAUCH

Leider scheint es nicht viele Führungskräfte zu geben, die die Kombination beherrschen, denn Führungskräfte sind nicht sehr beliebt bei ihren Mitarbeitern. Eine von Forbes veröffentlichte Umfrage ergab, dass 65 Prozent der Mitarbeiter auf eine Gehaltserhöhung verzichten würden, wenn dadurch ihre Führungskraft entlassen würde, und eine 2016 von Gallup durchgeführte Umfrage zum Engagement ergab, dass 82 Prozent der Mitarbeiter ihre Führungskräfte als wenig inspirierend empfinden. Meiner Meinung nach stehen diese beiden Dinge in Zusammenhang. Wie Daten von McKinsey zeigen, sind Mitarbeiter, wenn sie intrinsisch motiviert sind, 32 Prozent engagierter und 46 Prozent zufriedener mit ihrer Arbeit und erbringen 16 Prozent bessere Leistungen. Menschliche Führung hat also viele Vorteile. Als Menschen sind wir von den Bedürfnissen nach Sinn, Glück, Verbundenheit und dem Wunsch, einen positiven Beitrag für andere zu leisten, angetrieben. Führungspersönlichkeiten, die diese Bedürfnisse verstehen und in einer Weise führen, die eine intrinsische Motivation ermöglicht, haben die Schlüssel zu Loyalität, Engagement und Leistung. Als Führungskräfte sollten wir zuerst Mensch und dann Manager sein.

»Allen Menschen recht getan, ist eine Kunst, die niemand kann.«

SEI PERSÖNLICH: Bei allen Entscheidungen, die getroffen werden und die Auswirkungen auf die Mitarbeiter haben, solltest du dich fragen: Wenn mein Kind/mein Elternteil/ein guter Freund hier arbeiten würde, würden sie diese Entscheidung zu schätzen wissen? Auf diese Weise kannst du jede Entscheidung im Job zu einer persönlichen Frage machen. Du verlagerst die Entscheidung vom taktischen Bereich in einen emotionalen Bereich und stellst sicher, dass du nicht von deinem Status und deiner Macht gelenkt wirst.

SEI SELBSTLOS: Bei guter Führung geht es nicht um dich, sondern um die Menschen und die Organisation, die du führst. Mit Selbstlosigkeit nimmt man sich selbst aus der Gleichung heraus und denkt an den langfristigen Nutzen anderer. Selbstlosigkeit bedeutet nicht, dass du zu einem Fußabtreter für andere wirst und nicht für dich selbst einstehst. Selbstlosigkeit entsteht aus Selbstvertrauen und Selbstfürsorge. Wenn du Entscheidungen triffst, überprüfe deine Motivation; machst du das zum persönlichen Vorteil oder zum Nutzen anderer?

SEI MITFÜHLEND: Mitgefühl ist die Absicht, anderen Menschen Glück zu bringen. Wenn du jemals einen Chef hattest, der mitfühlend war, wirst du wissen, wie sich das anfühlt. Die Person steht hinter dir. Die Person hat dein Interesse im Sinn. Deshalb fühlst du dich sicher, loyal und engagiert. Mitgefühl gehört zur Führung dazu wie die Luft zum Atmen. Es ist eine universelle Sprache, die von jedem und überall verstanden wird. Wenn du mehr Mitgefühl in deinen Führungsalltag integrieren möchtest, stelle dir jeden Tag die Frage: Wie kann ich meinen Mitarbeitern helfen, einen besseren Tag zu haben?

»PROFI-HACK #29: SEI EIN MENSCH, KEINE MASCHINE.«

Ich beginne jedes Gespräch mit meinen Mitarbeitern, indem ich erst ein paar persönliche Worte wechsle. Mit der Zeit weiß man, was die Mitarbeiter bewegt. Ein anstehender Umzug, die Entwicklung der Kinder, das Befinden der Haustiere oder die neueste Restaurantentdeckung. Jeder Mensch hat seine Lieblingsthemen und diese sind ein super Anknüpfungspunkt. Sie offenbaren die Eigenheiten, Leidenschaften und Launen unserer Mitmenschen und machen uns menschlicher. Ich zeige diese Seiten gern und teilweise auch ganz bewusst von mir, um für meine Mitarbeiter nahbarer zu sein. Ich teile meine Herausforderungen als berufstätige Mutter, meine Leidenschaft zu reisen und auch, wenn ich meistens gute Laune habe, so halte ich auch an schlechteren Tagen mit meiner Gemütslage nicht hinter dem Berg. Ich bin überzeugt, dass es auch die Schwächen sind, die Führungskräfte menschlicher und nahbarer machen. Denn es ist unmöglich, einer Person zu vertrauen, die immer rational, ernsthaft und unter Kontrolle ist. Habe den Mut, dich als das komplexe Wesen zu präsentieren, das du bist: als Sünder, nicht als Heiliger; ein zerbrechliches Wesen, keine robuste Plattform; ein lebendiges Fragezeichen, kein todsicheres Ausrufezeichen.

30. WORK HARD AND PARTY HARD

Kinder lachen bis zu 400 Mal am Tag. Im Alter von 35 sinkt der Durchschnitt auf 15 Mal Lachen pro Tag. Wir werden mit jedem Jahr, das wir älter werden, anscheinend auch ernster und der Spaß in unserem Leben nimmt ab. Ähnlich verhält es sich auch im Business. Während in einem Start-up junge Leute Mitte zwanzig, in Shorts und Flipflops, zu jeder beliebigen Tag- und Nachtzeit arbeiten, sich epische Jokes über die Tische hinwegwerfen und mittags schon das erste Bier geöffnet wird, um auf den errungenen Deal anzustoßen, sieht es in Konzernen komplett anders aus. Da herrschen geregelte Arbeitszeiten, es gibt eine Kleiderordnung und gefeiert wird nur, wenn es erlaubt wird. Am besten bitte nach Feierabend. Erst die Arbeit, dann das Vergnügen! Kontrastreicher könnte es nicht sein. In großen Unternehmen ist man einer von vielen, eine Nummer und austauschbar. Im Start-up hat man das gegenteilige Gefühl. Die Arbeit fühlt sich oft nicht als solche an, weil sie Spaß macht. Doch der Spaß scheint mit dem Erwachsenwerden von Unternehmen zu verschwinden. Je größer das Unternehmen wird, desto seriöser wird es anscheinend auch. Seriös und Spaß passt irgendwie nicht ganz zusammen. Ich habe immer in Konzernen gearbeitet und mir trotzdem die Unternehmenskultur von Start-ups gewünscht. Hart arbeiten, aber trotzdem richtig viel Spaß haben. Ich durfte leider nur miterleben, wie vielversprechende junge Unternehmen aufgekauft und von der Konzernkultur verschluckt wurden. Vom Spirit und der Motivation der Mitarbeiter war nach spätestens zwei Jahren nicht mehr viel übrig. Die Gründer hatten da meist auch schon Land gewonnen und das nächste Business gegründet. Denn wer arbeitet nicht viel lieber in einer energetischen Atmosphäre, in der gelacht werden darf? Menschen mit guter Laune haben eine erhöhte Sauerstoff-, Endorphin- und Gehirndurchblutung, wodurch sie klarer und kreativer denken können. Sie sind entspannter, akzeptieren andere besser und teilen eher ihren Sinn für Humor. Lachen schafft ein Band, das Menschen zusammenbringt, und wir alle sind gern mit Mitarbeitern zusammen, die Spaß haben.

Kreativität, Intuition und Flexibilität sind der Schlüssel für erfolgreiche Unternehmen. In einer anregenden Umgebung genießen die Mitarbeiter ihre Zeit im Job. Das wirkt sich auch auf ihre Arbeitsergebnisse aus. In einem Umfeld der Gastfreundschaft fällt es leichter, Kunden zu gewinnen oder Kollegen zu überzeugen. Ein Arbeitsplatz, der Spaß macht, ist nicht nur produktiver, sondern er zieht auch Menschen und Gewinne an.

Doch sehe ich, wie schwer es Unternehmen fällt, gute Arbeit zu würdigen. Ich durfte in meiner beruflichen Laufbahn über 25 Unternehmen kennen lernen. Davon hatte nur eines die Wirkung von Spaß im Job verstanden. Es war einer der größten Konzerne der Welt, der sich ein kleines Stück vom Start-up-Spirit behalten hatte. Das Team bestand aus internationalen jungen Talenten, die Arbeit und der erbrachte Einsatz wurden fast täglich von den Vorgesetzten gewürdigt und unternehmensweit wurden einmal im Quartal die Erfolge gefeiert. Leider eine Ausnahme, wie meine persönliche Statistik zeigt. Eins von 25 Unternehmen sind gerade einmal 4 Prozent. Erfolge zu feiern wird in der Regel unterschätzt. Die meisten Firmen lassen diese wichtige Chance verstreichen und vergeuden ein enormes Potenzial.

Warum macht die Arbeit im Start-up so viel Spaß? Einer der Hauptgründe ist der Sinn bei der Arbeit. Ein erfolgreiches Start-up startet aus dem Nichts und wächst. Alle Mitarbeiter kennen ihr Ziel, wissen, wofür sie hart arbeiten, sehen den Sinn und das Ergebnis ihres persönlichen Einsatzes. Dieses Gefühl des Erfolges bringt eine Menge Spaß bei der Arbeit. In Konzernen sieht man so eine positive Dynamik oft bei Projektteams. Man arbeitet an einem konkreten Thema und der eigene Beitrag macht einen Unterschied. Diese Stimmung, dieser Stolz auf seine Gruppe, bringt oft eine ungezwungene Atmosphäre, in der viel gelacht wird.

ARBEIT DARF SPASS MACHEN

Jedes Jahr lässt das Beratungs- und Forschungsinstitut Great Place to Work Zehntausende von Mitarbeitern ihre Arbeitgeber bewerten. Ein Bewertungspunkt lautet »Hier macht arbeiten Spaß«. Interessanterweise schneiden die Top-»100 Best Companies to Work For«-Unternehmen in diesem Punkt besonders gut ab. 81 Prozent ihrer Mitarbeiter bewerten ihren Arbeitsplatz als »spaßig«. Bei den Unternehmen, die es nicht unter die Top 100 geschafft haben, geben nur 62 von 100 Mitarbeitern an, dass sie Spaß haben. Dieser Unterschied ist einer der größten in der Umfrage. Ein Arbeitsplatz, der Kreativität und Spaß fördert, hat weniger Schwierigkeiten, Mitarbeiter zu rekrutieren und zu halten. Google ist zum besten Beispiel für Spaß am Arbeitsplatz geworden und soll täglich mehr als 3 000 Bewerber anziehen. Auch ich habe nach meinem Studium eine Bewerbung an Google geschickt, die prompt abgelehnt wurde. Viele Jahre später bekam ich die Chance, mir das Google-Office im Taipei Financial Center in Taiwan anzusehen, auch bekannt als Taipei 101. Ich war nicht nur überwältigt von der Aussicht, sondern vor allem von der Atmosphäre. Zwei Googler zockten an einer Playstation, während ein anderer an einer Telefonkonferenz in einer schalldichten Telefonkabine teilnahm. Es wurde eine riesengroße Obstplatte in die Kaffeeküche geliefert, während im angrenzenden Meetingraum eine Teambesprechung stattfand. Arbeit und Spaß verschmolzen hier ineinander und die Stimmung erweckte den Eindruck, im Büro eines Start-ups zu stehen und nicht in dem eines Weltkonzerns. Google hat ein ausgefeiltes und über Jahre ausgeklügeltes System der Mitarbeiterbindung. Spaß am Arbeitsplatz ist eines der Mittel, um die Produktivität der Mitarbeiter zu steigern.

Doch was machst du jetzt, wenn der Spaßfaktor in deinem Unternehmen nicht besonders ausgeprägt ist und die Stimmung alles andere als der von Google gleicht? Du wirst es nicht schaffen, eine ganze Unternehmenskultur nach deinen Wünschen zu verändern, kannst aber mit kleinen Maßnahmen bei deinem Team starten. Oft sind es genau die Kleinigkeiten, die einen großen Unterschied machen.

KLEINE GESTEN SIND BESSER ALS KEINE

Vor einigen Jahren übernahm ich ein Team, das jahrelang keine Wertschätzung erhalten hatte. Die Abteilungs-Weihnachtsfeiern wurden gestrichen, es gab keine Team-Building-Maßnahmen und Aufmerksamkeiten oder Bonus war einigen wenigen Mitarbeitern vorbehalten. Die Stimmung im Team war mies. Spaß hatten die wenigsten. Meine erste Handlung war es, zu Nikolaus jedem Mitarbeiter einen Schokoladen-Nikolaus auf den Tisch zu stellen. Die Wirkung war enorm. Die Mitarbeiter haben sich gefreut, da es so etwas schon lange nicht mehr gegeben hatte. Die Investition von 2 Euro pro Mitarbeiter hatte eine enorme Wirkung. Deshalb stelle ich dir hier ein paar Ideen vor, wie du die Stimmung in deinem Team verbessern kannst, indem du Erfolge anerkennst und für mehr Spaß sorgst.

- **LOBE DEINE MITARBEITER:** Eine kleine, wirkungsvolle Geste ist es, die Mitarbeiter für gute Leistung zu loben. Lob ist in unserer Kultur einfach viel zu selten und macht den einen oder anderen sogar misstrauisch. Und doch hören wir es alle so gern. Sei spendabel mit Lob.
- **SINNVOLLE TÄTIGKEIT:** Stifte als Führungskraft Sinn. Jeder Mitarbeiter sollte das konkrete und machbare Ziel kennen, auf das die Abteilung hinarbeitet. Dieses Ziel bringt Schwung und Ehrgeiz und schweißt eine Gruppe zusammen. Gemeinsam kämpfen und gewinnen macht Spaß.
- **WER SCHREIBT, DER BLEIBT:** Schreibe deinen Mitarbeitern Glückwunschkarten zum Geburtstag. Das ist eine persönliche Geste und zeigt, dass sich die Führungskraft für den Empfänger Zeit genommen hat.
- **PUBLICITY:** Die Veröffentlichung von Erfolgen in der Firma ist ein schönes Mittel, um Anerkennung zu zeigen. Dafür bietet sich zum Beispiel ein Artikel im Intranet, der internen Firmenzeitung oder im Mitarbeiternewsletter an.
- **WER WILL ETWAS SÜSSES:** Einfach mal eine Runde Eis ausgeben für alle? Oder ein leckeres Teilchen vom Bäcker? Das ist immer eine willkommene Geste der Wertschätzung.
- **PROST:** Ein kleiner Umtrunk nach Feierabend schweißt zusammen. Wenn der Chef dann auch noch die ein oder andere Runde sponsert, macht es doppelt so viel Spaß.
- **GUTSCHEINE:** Einige Unternehmen geben ihren Führungskräften ein gewisses Kontingent von Gutscheinen an die Hand, das sie bei herausragenden Erfolgen vergeben können. Ob Tank- oder Kinogutscheine, Blumen, Pralinen oder Wein. So eine Geste wissen die meisten Mitarbeiter sehr zu schätzen.
- **SPORT:** Ein Erfolg lässt sich super mit einem gemeinsamen Sportevent zelebrieren. Egal, ob Fußball, Boule, Tischtennis,

Bowling, Kegeln, Go-Cart-Fahren, Klettern ... Es gibt so viele Möglichkeiten. Frag dein Team, wozu es Lust hat und lass es sich auf eine Aktivität einigen.

- **AND THE WINNER IS:** Auszeichnung mit einem Award sind eine tolle Möglichkeit, einzelnen Mitarbeitern eine besondere Aufmerksamkeit zu schenken. Auch hier muss man genau hinsehen, dass es zum Unternehmen und den Mitarbeitern passt. Die Kriterien für einen Award sollten immer einen Bezug zur Aufgabe haben. Bester Verkäufer des Jahres, innovativste Entwicklungsidee des Monats, größte Kundenfreundlichkeit. Auch hier gilt es, kreativ zu werden.

ACHTUNG, STOLPERFALLE!

Erfolge feiern macht Spaß und motiviert. Damit dem aber so ist, gibt es ein paar Faktoren zu beachten. In erster Linie sind es die Beteiligten. Nicht jeder Mitarbeiter freut sich über einen Dank in großer Runde. Hier kann schnell das Gegenteil bewirkt werden und der Mitarbeiter zieht sich zurück, um nicht wieder namentlich genannt zu werden. Achte darauf, Erfolge nicht nur in der Freizeit deiner Mitarbeiter zu feiern. Wenn du zum Beispiel planst, nach Feierabend essen zu gehen, dann denke auch an den Morgen danach. Zudem solltest du dich als Führungskraft unbedingt zurücknehmen. Denn hier wird das Team gefeiert und nicht du als Chef. Dein Job ist es, sich bei jedem Einzelnen zu bedanken, die Arbeit der Beteiligten zu würdigen und Anerkennung zu zollen. Es ist das Dankeschön an das Team für die geleistete Arbeit. Hier kann es ruhig mal eskalieren. Ein guter Chef weiß, wann er zu gehen hat.

»PROFI-HACK #30«

GEMEINSAM STATT EINSAM

Auch der tollste Job der Welt macht nicht jeden Tag Spaß. Doch wenn du weißt, dass dich ein starkes, ehrliches und freundliches Team erwartet, sieht die Welt schon ganz anders aus. Erfolge zu feiern schweißt zusammen, verbindet und zeigt Anerkennung für das, was ein Team zusammen geleistet hat. Deshalb scheue dich nicht, die im Team erreichten Leistungen zu feiern, gemeinsam zu lachen und für eine entspannte und vertraute Atmosphäre zu sorgen. Achte auf die Angemessenheit und beziehe die Beteiligten mit ein. Dann wird es ein Vergnügen für alle und sicher ein Motivationsbooster für kommende Projekte. Ich wünsche dir viel Spaß dabei!

ANMERKUNGEN

1. ManpowerGroup Deutschland: »Bevölkerungsbefragung Jobzufriedenheit 2019«
2. Meinestadt.de und respondi: »Fachkräfte und Führung«
3. https://www.zeit.de/karriere/beruf/2014-05/psychopathen-interview-psychologe-jens-hoffmann
4. Zur Vereinfachung des Beispiels wurden die Arbeitgeberanteile der Lohnkosten nicht berücksichtigt.
5. Studie der Psychologin Gail Matthews an der Dominican-Universität in San Rafael, Kalifornien. Für ihre Studie rekrutierte sie zunächst 267 Probanden aus unterschiedlichen Sozialschichten und Kulturkreisen im Alter von 23 bis 72 Jahren.
   https://karrierebibel.de/ziele-aufschreiben/
6. Petra Hoffmann: »Auf Leistung getrimmt: Dem Hamsterrad entkommen.« BooksOnDemand, 2013, Seite 118:
   »In der Praxis reagieren nur 20 Prozent der Mitarbeiter/innen spontan offen für eine Veränderung, 60 Prozent sind zunächst abwartend ...«
7. Ein Interview mit Dr. Frederik G. Pferdt, Chief Innovation Evangelist bei Google und Adjunct Professor der Stanford University
8. Ich spreche hier ausdrücklich nicht von Angststörungen.
9. https://static.onleihe.de/content/walhalla/20090610/3395600/v3395600.pdf
10. http://www.labbe.de/mellvil/index_vs.asp?themaid=-31&titelid=343 »teils angeboren, teils erlernt« oder https://psychologie-news.stangl.eu/1564/gibt-es-urangste-im-menschen-oder-sind-alle-angste-erlernt
11. Andreas Winter: »Was deine Angst dir sagen will: Blockaden verstehen und überwinden. Mit Extra-Tipps gegen Panikattacken.« Mankau Verlag, 2018

12. »The Right Amount of Trust« von Jeffrey V. Butler, Paola Giuliano, Luigi Guiso
13. »Work-Life-Balance. Motor für wirtschaftliches Wachstum und gesellschaftliche Stabilität.« Bundesministerium für Familie, Senioren, Frauen und Jugend
14. »Betriebswirtschaftliche Effekte familienfreundlicher Maßnahmen. Kosten-Nutzen-Analyse.« Studie der Prognos AG im Auftrag des BMFSFJ, Berlin 2003.
15. Hünefeld, Lena; Steidelmüller, Corinna: Gesund durch die Restrukturierung – Das Führungsverhalten ist wichtig. BIBB/BAuA 2018/Herausgeber: Bundesanstalt für Arbeitsschutz und Arbeitsmedizin (BAuA). Dezember. Dortmund: BAuA, 2019 (BAuA: Fakten; 30)
16. Hünefeld, Lena; Steidelmüller, Corinna: Gesund durch die Restrukturierung – Das Führungsverhalten ist wichtig. BIBB/BAuA 2018/Herausgeber: Bundesanstalt für Arbeitsschutz und Arbeitsmedizin (BAuA). Dezember. Dortmund: BAuA, 2019 (BAuA: Fakten; 30)
17. https://www.erfolg-magazin.de/lust-und-liebe-im-buero-eine-studie-zu-beziehungen-am-arbeitsplatz/
18. https://blog.viking.de/studie-beziehungen-am-arbeitsplatz/
19. https://de.wikipedia.org/wiki/Baby-Boomer
20. Deloitte Millennial Survey 2019
21. https://blogs.wsj.com/economics/2014/11/27/how-to-tell-if-a-fact-about-millennials-isnt-actually-a-fact/
22. https://de.statista.com/statistik/daten/studie/249125/umfrage/erwerbstaetigenquote-in-den-eu-laendern/
Q3 2019 Deutschland hat 77 Prozent Erwerbstätigenquote, Platz 3 nach Niederlande und Schweden.

23. https://de.statista.com/statistik/daten/studie/74795/umfrage/jugendarbeitslosigkeit-in-europa/ 2019 Deutschland 5,6 Prozent Europa 15,6 Prozent
24. Uni Wuppertal: »lidA- leben in der Arbeit«, 2019 (https://www.presse.uni-wuppertal.de/de/medieninformationen/2019/02/25/29125-nur-jeder-zehnte-babyboomer-will-bis-zum-gesetzlichen-renteneintrittsalter-arbeiten-neue-ergebnisse-der-lida-studie/)
25. Statistisches Bundesamt. 14. Koordinierte Bevölkerungsvorausberechnung
26. https://www.blueprints.de/artikel/kommunikation/smalltalk.html
27. https://arbeitsblaetter.stangl-taller.at/EMOTION/
28. https://www.sueddeutsche.de/panorama/125-jahre-albert-einstein-der-augenschein-truegt-1.853989
29. »Women Matter. Gender diversity, a corporate performance driver.« McKinsey, 2007
30. https://www.ncbi.nlm.nih.gov/pmc/articles/PMC5048456/
31. https://hbr.org/2018/07/the-leaders-calendar

ÜBER DIE AUTORIN

MADELEINE KÜHNE

ist 1978 geboren und vereint viele Facetten in sich: Sie hat in mehreren Fortune-500-Firmen in Führungsfunktionen gearbeitet, erfolgreich Firmen gegründet und ist derzeit mit ihrer eigenen Consultingfirma als Interim-Managerin, IT-Beraterin sowie Leadership-Speakerin tätig. Bereits als Teenager hat sie im elterlichen Unternehmen Mitarbeiterführung übernommen und ihre Leidenschaft dafür entdeckt. Mittlerweile ist sie Expertin auf ihrem Gebiet und hat über viele Jahre hinweg erfolgreich Teams zusammengestellt, umstrukturiert und zu neuen Erfolgen geführt. Sie sieht Mitarbeiterführung nicht nur als ihre große Passion, sondern verfolgt damit auch das Ziel die Generationen zu verbinden und somit die Führungswelt zu einem menschlicheren Ort zu machen. Als ausgesprochener Familienmensch ist es schon immer ihr Antrieb gewesen, Menschen zusammen zu bringen und Brücken zu bauen.